普通高等教育机械类特色专业系列教材

机械制造技术基础
学习辅导与习题解答

朱立达　巩亚东　史家顺　主编

科学出版社
北　京

内 容 简 介

本书是为了加强读者对机械制造技术的理解和应用，提高分析和解决相关实际问题而编写的学习辅导与习题解答。与《机械制造技术基础（第二版）》（巩亚东、史家顺、朱立达主编，科学出版社出版）教材配套使用。全书对主教材的内容进行了提炼和概括，其各章的知识点及编排顺序与主教材紧密配合，便于读者深化理解和巩固所学知识。

本书每章内容分为必备知识及要点和习题两个部分。其中，必备知识及要点部分对主教材中的基本概念和基本知识进行了总结概括，方便读者抓住重点，提高学习效率；习题部分精选了巩固基本知识和联系工程实际的习题，题目形式丰富，有判断题、选择题、填空题和简答题等几种题型，每道习题在书后均有较为详细的参考答案，以便读者自测对照。此外，本书还附有三套综合试题及其评分标准，可供读者考查自己对机械制造技术基础总体知识的掌握程度。

本书可作为高等学校机械工程及相关专业“机械制造技术基础”课程的学习辅导书，也可供研究生和企业工程技术人员参考。

图书在版编目（CIP）数据

机械制造技术基础学习辅导与习题解答 /朱立达等主编. —北京：科学出版社，2017.6

普通高等教育机械类特色专业系列教材

ISBN 978-7-03-053449-1

Ⅰ. ①机… Ⅱ. ①朱… Ⅲ. ①机械制造工艺－高等学校－教学参考资料 Ⅳ. ①TH16

中国版本图书馆 CIP 数据核字（2017）第 133826 号

责任编辑：朱晓颖 毛 莹 / 责任校对：郭瑞芝

责任印制：吴兆东 / 封面设计：迷底书装

科 学 出 版 社 出版

北京东黄城根北街 16 号

邮政编码：100717

http://www. sciencep. com

北京盛通数码印刷有限公司 印刷

科学出版社发行 各地新华书店经销

*

2017 年 6 月第 一 版 开本：787×1092 1/16

2023 年 12 月第七次印刷 印张：8 1/4

字数：186 000

定价：45.00 元

（如有印装质量问题，我社负责调换）

前　言

党的二十大报告提出“坚持教育优先发展、科技自立自强、人才引领驱动，加快建设教育强国、科技强国、人才强国，坚持为党育人、为国育才，全面提高人才自主培养质量”，为了适应新一轮科技革命和产业变革机械类专业人才培养的需求，顺应学科专业设置布点改革优化，便于“机械制造技术基础”课程教学，编者基于多年的教学实践总结和教学改革成果，编写了《机械制造技术基础学习辅导与习题解答》。

本书既可与《机械制造技术基础(第二版)》(巩亚东、史家顺、朱立达主编，科学出版社出版)教材配套使用，也可以作为机械工程及相关专业“机械制造技术基础”课程的学习指导和复习用书。本书参照主教材的结构体系和教学内容，对涉及的基本概念和原理、重点难点进行了总结归纳和复习指导。为了使学生能够高效、系统地学习相关课程，本书在编写过程中力求做到内容叙述简明，概念精准清晰，习题新颖且具代表性，参考答案详细易懂。

在本书的规划和编写过程中，参考和引用了一些相关教材、习题集和试题的部分内容，在此表示感谢。同时本书得到中国大学 MOOC 平台、辽宁省精品资源共享课和辽宁省跨校平台课“机械制造技术基础”项目的资助，在此表示诚挚的谢意。

限于编者水平，书中疏漏之处在所难免，诚恳希望广大师生和读者提出宝贵意见，以便后续进一步完善。

编　者

2023 年 12 月

前言

目　　录

《机械制造技术基础(第二版)》购买链接

《机械制造技术基础学习辅导与习题解答》购买链接

第一章　机械制造系统和机械制造单元

第一节　必备知识及要点

一、基本概念

1. 生产过程：由原材料转化为最终产品的一系列相互关联的劳动过程的总和。

2. 工艺过程：在生产过程中，那些与由原材料转变为产品直接相关的过程。

3. 机械加工工艺过程：在工艺过程中，以机械加工方法按一定加工顺序逐步改变毛坯形状、尺寸、表面层性质，直至成为合格零件的过程。

4. 机械制造系统：由完成机械制造所涉及的硬件、软件和人员组成的，通过制造过程将制造资源转变为产品的有机整体。包括物料流、信息流和能量流。

5. 机械制造单元：单级机械制造系统是最小的机械制造系统，是多级系统的基本组成单元。包括工艺设备、工艺装备和制造过程。

6. 工艺系统：在机械加工中由机床、刀具、夹具和工件所组成的统一体。

7. 刀具：能从工件上切除多余材料或切断材料的带刃工具。

辅具：用以连接刀具和机床的工具。

夹具：用以装夹工件(和引导刀具)的装置。

量具：用于直接或间接测出被测对象量值的工具、仪器、仪表等。

二、基本知识

1. 柔性制造系统的特点及适用范围。

(1) 设备利用率高，可采用计算机进行生产调度；

(2) 零件可以在加工中心上加工，可以减少生产周期；

(3) 具有维持生产的能力；

(4) 快速响应市场的需求；

(5) 产品质量高，可以保证产品质量的一致性；

(6) 生产成本低，特别是大批量生产；

(7) 多品种、中小批量的生产和快速响应。

2. 零件成形方法。

(1) 去除成形；

(2) 堆积成形；

(3) 受迫成形。

第二节　习　　题

一、判断题

1．零件的工艺过程是其生产过程的一部分。（　　）

2．机械制造单元的基本组成包括工艺设备、工艺装备和制造过程。（　　）

3．在机械加工中由机床、刀具、夹具所组成的统一体称为工艺系统。（　　）

4．机械产品的生产过程只包括毛坯的制造和零件的机械加工。（　　）

5．超声加工、电子束加工、激光加工都是利用机械能的特种加工方法。（　　）

6．机械加工工艺过程是指用机械加工方法直接改变原材料或毛坯的形状、尺寸和性能，使之成为合格零件的过程。（　　）

二、填空题

1．在生产过程中，由________转变为________直接相关的过程称为工艺过程。

2．在机械加工中由________、________、________和________所组成的统一体称为工艺系统。

3．根据工艺装备的通用性，可将其分为________、________、________。

4．零件成形方法主要有________、________、________。

三、名词解释

1．机械制造系统——

2．生产过程——

3．机械制造单元——

4．机械加工工艺过程——

四、简答题

1．零件成形的方法包括哪几类？分别简述各自的特点及适用范围。

2．柔性制造系统的特点及适用范围。

3．工艺过程主要包括哪些？

4．举例说明常见的工艺设备和工艺装备。

5．特种加工与机械加工显著的不同点有哪些？

6．常见的利用机械能的特种加工方法有哪些？

7．常见的利用热能的特种加工方法有哪些？

8．常见的利用复合能的特种加工方法有哪些？

第二章　金属切削机床

第一节　必备知识及要点

一、基本概念

1. 金属切削加工：金属切削刀具和工件按一定规律做相对运动，通过刀具上的切削刃切除工件上多余的金属，从而使工件的形状、尺寸精度及表面质量都符合预定的要求。

2. 表面成形运动：机床上形成表面所需的刀具和工件间的相对运动。

3. 主运动：使刀具的切削部分进入工件材料，使被切金属层转变为切屑的运动。

4. 进给运动：维持切削继续的运动。它配合主运动连续不断地切削工件，同时形成具有所需几何形状的已加工表面。

5. 数控机床：按加工要求预先编制的程序，由计算机数字控制系统发出数字信息指令来控制机床各个执行件，使之按顺序和要求加工出所需工件的自动化机床。

二、基本知识

1. 零件表面的形成方法。

(1) 轨迹法：利用刀具做一定规律的轨迹运动来对工件进行加工的方法。

(2) 成形法：利用成形刀具对工件进行加工的方法。

(3) 相切法：利用刀具边旋转边做轨迹运动来对工件进行加工的方法。

(4) 展成法：利用刀具和工件做展成切削运动的加工方法。

2. 切削运动。

注意区分主运动和进给运动。主运动的速度最高，所消耗的功率最大。一般进给运动的速度较低，消耗的功率较小，可以由一个或多个运动组成。

3. 机床分类。

根据中国制定的机床型号编制方法，目前将机床分为 12 大类：车床、钻床、镗床、铣床、刨床、拉床、磨床、齿轮加工机床、螺纹加工机床、切断机床、超声波及电加工机床和其他机床。

4. 机床型号的编制方法按 1985 年国家机械工业部颁布的《金属切削机床　型号编制方法》部颁标准(JB 1838—1985)和 1994 年国家标准局颁布的《金属切削机床　型号编制方法》国家推荐标准(GB/T 15375—1994)，普通机床型号用下列方式表示：

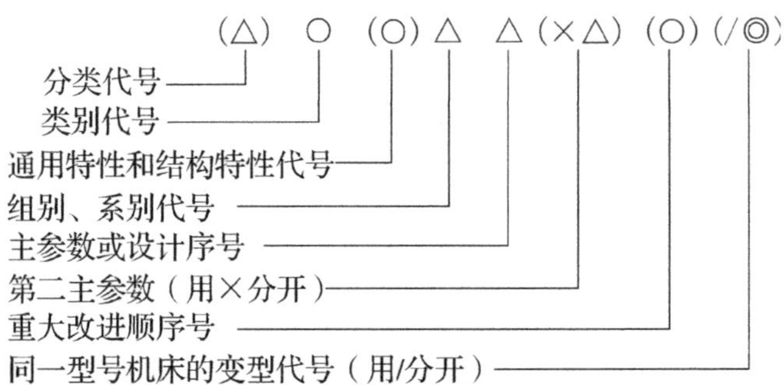

注：有“○”符号者，为大写的汉语拼音字母；有“△”符号者，为阿拉伯数字；有“( )”的代号或数字，当无内容时，可不表示；若有内容，则不带括号；有“◎”符号者，为大写的汉语拼音字母，或阿拉伯数字，或两者兼有。

5．CA6140 型卧式车床主要组成部分。

CA6140 型卧式车床主要包括主轴箱、刀架、尾座、进给箱、溜板箱和床身等。

6．数控机床的特点及适用范围。

(1)数控机床的特点：适应性强、加工精度高、生产率高、劳动强度小、经济效益好。

(2)数控机床的适用范围：最适合加工多品种小批量的工件，合理生产批量为 10～100 件的工件，以及外形比较复杂的工件，需要频繁改形的工件，价格昂贵、不允许报废的工件，生产周期短的急需工件。

7．外联系传动链和内联系传动链及其特点。

外联系传动链：联系动源和执行件，使执行件达到预定速度的运动，并传递一定动力的传动链。特点：包括变速机构和换向机构；其变化只影响生产率或表面粗糙度，不影响发生线的性质；不要求有严格的传动比关系。

内联系传动链：联系复合成形之间的各个运动分量，所联系的执行件之间的相对速度有严格要求，以确保运动轨迹的正确性。特点：有严格的传动比要求；其中不能使用摩擦传动或瞬时传动比有变化的传动件。

第二节　习　　题

一、判断题

1．机床的主运动都是回转运动。　(　　)

2．平面磨床的主运动是砂轮的回转运动。　(　　)

3．机床的进给运动就是辅助运动。　(　　)

4．加工中心是具有刀库并能自动更换刀具的数控机床。　(　　)

5．机床的主参数用两位十进制数并以折算值表示。　(　　)

6．生成曲面的母线和导线都是可以互换的。　(　　)

7．机床的辅助运动只是为了节省时间，因此可以没有。　(　　)

8．在切削加工中，进给运动只能有一个。　(　　)

9．展成法加工齿轮是利用齿轮刀具与被切齿轮保持一对齿轮啮合运动关系而切出齿形的方法。　(　　)

10．开环控制和闭环控制的区别在于有无反馈装置。　(　　)

11．C6140 型机床是最大工件回转直径为 40mm 的普通车床。　(　　)

二、选择题

(一)单项选择题

1．加工大中型工件的多个孔时，应选用的机床是(　　)。

[A] 卧式车床　　[B] 台式钻床　　[C] 立式钻床　　[D] 摇臂钻床

2. 闭环控制与半闭环控制的区别在于(　　)。

[A] 反馈装置安装在丝杠上　　[B] 有无反馈装置

[C] 反馈装置安装在传动链的末端　　[D] 反馈装置安装的位置不同

3. 加工复杂的立体成形表面，应选用的机床是(　　)。

[A] 数控铣床　　[B] 龙门铣床

[C] 卧式万能升降台铣床　　[D] 立式升降台铣床

4. 在实心材料上加工孔，应选择(　　)。

[A] 钻孔　　[B] 扩孔　　[C] 铰孔　　[D] 镗孔

5. 中心架或跟刀架的主要作用是(　　)。

[A] 增强工件的强度　　[B] 增强工件的刚性

[C] 增强刀具的强度　　[D] 增强刀具的刚性

(二) 多项选择题

1. 数控机床常用于的场合有(　　)。

[A] 多品种小批量　　[B] 大批量　　[C] 形状简单零件

[D] 形状复杂零件　　[E] 刚性生产系统　　[F] 柔性制造系统

2. 数控机床按其运动轨迹控制方式的不同可分为(　　)。

[A] 开环控制　　[B] 直线控制　　[C] 点位控制

[D] 闭环控制　　[E] 连续轮廓控制　　[F] 半闭环控制

3. 数控机床按其伺服控制方式的不同可分为(　　)。

[A] 开环控制　　[B] 直线控制　　[C] 点位控制

[D] 闭环控制　　[E] 连续轮廓控制　　[F] 半闭环控制

4. 切削加工时，须有两个进给运动的有(　　)。

[A] 刨斜面　　[B] 磨外圆

[C] 铣直齿　　[D] 滚齿

5. 切削运动中，具有往复运动特点的机床有(　　)。

[A] 车床　　[B] 插床　　[C] 磨床

[D] 镗床　　[E] 拉床　　[F] 刨床

三、填空题

1. 机床的主要技术参数包括________、________、________。

2. 零件表面成形方法有________、________、________、________。

3. 根据切削加工过程所起作用的不同，表面成形运动可分为________和________。

4. 金属切削加工是靠________和________按一定规律作相对运动来完成的。

5. 各种表面的组合构成了不同的零件形状，所以零件的切削加工归根到底是________问题。

6. 从几何学的观点来看，表面是由________沿________运动的轨迹所形成的。

7. 按有无检测装置分类有________和________两种；根据测量装置安装位置和反馈信息又可将闭环系统分为________和________两种。

8. 卧式铣床的第一主参数是________。

四、简答题

1．试以外圆磨床为例分析机床的哪些运动是主运动，哪些运动是进给运动？

2．机床分类有哪些？车床有哪些基本组成部分？试分析其主要功用。

3．什么是外联系传动链？什么是内联系传动链？各有何特点？

4．数控机床有哪几个基本组成部分？各有何功用？

5．数字控制与机械控制相比，其特点是什么？说明数控机床最适合应用在哪些场合？

6．什么是主运动？什么是进给运动？各自有何特点？

7．解释 CA6140 型卧式车床组成及其字母与数字的含义。

8．普通数控机床与加工中心的主要区别是什么？

第三章　金属切削与磨削加工

第一节　必备知识及要点

一、基本概念

1．待加工表面：加工时即将被去除金属层的表面。

2．已加工表面：已被切除多余金属新形成的符合要求的工件表面。

3．过渡表面：位于待加工表面和已加工表面之间的，正在由刀具或砂轮的切刃在工件上形成的表面。

4．切削深度：工件上已加工表面和待加工表面间的垂直距离。

5．切削温度：前刀面与切屑接触区内的平均温度，它由切削热的产生与传出的平衡条件所决定。

6．积屑瘤：在大的挤压力作用下，会使切屑底层金属与前刀面的外摩擦超过分子间结合力，一些金属材料冷焊黏附在前刀面切刃附近，逐渐形成硬度很高的瘤状楔块。

7．刀具基平面：通过切削刃选定点、垂直于主运动方向的平面。

刀具切削平面：通过切削刃选定点、与主切削刃相切、并垂直于基面的平面，也就是切削刃与切削速度方向构成的平面。

刀具的主剖面：通过切削刃选定点、同时垂直于基面和切削平面的平面。

刀具的法剖面：通过切削刃选定点、并垂直于切削刃的平面。

8．前角：在主剖面内度量的基面与前刀面的夹角（当前刀面与切削平面间的夹角小于90°时取正号；大于90°时取负号）。

后角：在主剖面内度量的后刀面与切削平面的夹角。

刃倾角：在切削平面内度量的主切削刃与基面的夹角。

主偏角：在基平面内度量的切削平面与进给平面间的夹角。它也是主切削刃在基面上投影与进给运动方向的夹角。

副偏角：在基面内度量的副切削刃与进给方向在基面上投影间的夹角。

二、基本知识

1．切削用量。

切削速度v_c、进给量f和背吃刀量a_p（切削深度）。

2．车刀基本角度。

前角、后角、主偏角、副偏角、刃倾角。

3．常用刀具材料。

高速钢、硬质合金、陶瓷材料、涂层刀具、金刚石、立方氮化硼。

4．刀具材料应具备的基本性能。

(1)必须高于工件材料硬度；

(2)足够的强度和韧性；

(3)要有好的抵抗磨损的能力；

(4)要有良好的耐热性、抗扩散和氧化能力；

(5)尽量大的导热系数和小的线膨胀系数；

(6)良好的工艺性和经济性。

5．硬质合金分类及应用范围。

(1)分类：常用的硬质合金有钨钴类(YG 类)、钨钛钴类(YT 类)、通用硬质合金(YW 类)和 TiC(N 类)基硬质合金(YN 类)等。

(2)应用范围：可以加工包括淬硬钢在内的多种材料，钨钛钴类(YT 类)硬质合金可加工碳钢。

6．刀具磨损形式及原因。

(1)刀具的磨损形式：主要有前刀面磨损和后刀面磨损。

(2)刀具磨损过程：①初期磨损阶段，这一阶段后刀面凸出部分很快被磨平，刀具磨损较快；②正常磨损阶段；③急剧磨损阶段，刀具磨损达到一定程度后，切削力和切削温度急剧上升，磨损速度急剧增加。

(3)刀具磨损原因：①磨料磨损；②黏结磨损；③扩散磨损；④化学磨损。

7．切削用量的选择。

切削用量的选择原则就是在保证加工质量、降低成本和提高生产效率的前提下，使v_c、f、a_p的乘积最大。其中，a_p对刀具使用寿命影响最小，f次之，v_c最大。一般尽可能选择较大的a_p，再按工艺装备与技术条件的允许选择最大的f，最后根据使用寿命确定v_c。

第二节　习　　题

一、判断题

1．切削厚度是指垂直于过渡表面测量的切削层尺寸。　(　　)

2．金属切削刀具上积屑瘤的存在对切削过程总是有害的。　(　　)

3．车刀的主偏角是在主剖面内测量的，而前角是在基面内测量的。　(　　)

4．刀具的磨损过程分为初期磨损、正常磨损和急剧磨损三个阶段，其中初期磨损阶段的刀具磨损较慢。　(　　)

5．车刀的主偏角越大，在切削过程中产生的径向切削力就越大。　(　　)

6．刀具前角是在基面内的标注角度。　(　　)

7．陶瓷材料不适合作为刀具材料。　(　　)

8．磨削烧伤是零件加工时表面层发生了化学变化产生的。　(　　)

9．刀具前角增加，切削变形也增加。　(　　)

10．切削热只是来源于切削层金属的弹、塑性变形所产生的热。　(　　)

11．切削用量三要素中，切削速度对切削温度影响最大。　(　　)

12. 通过调整材料的化学成分，可以改善材料的切削加工性。 ( )

13. 对切削力影响比较大的因素是工件材料和切削用量。 ( )

14. 金属材料塑性太大或太小都会使切削加工性变差。 ( )

15. 增加刀具前角，可以使加工过程中的切削力减小。 ( )

16. 切削用量中，对刀具耐用度的影响程度由低到高的顺序是切削速度、进给量、背吃刀量。 ( )

17. 切削用量对切削力的影响程度由大到小的顺序是切削速度、进给量、背吃刀量。 ( )

18. 金属切削过程的实质为刀具与工件的互相挤压产生的塑性变形的过程。 ( )

19. 刀具主偏角的减小有利于改善刀具的散热条件。 ( )

20. 一般来说，刀具材料的硬度越高，强度和韧性就越低。 ( )

21. 高速钢是当前最典型的高速切削刀具材料。 ( )

22. 硬质合金是最适合用来制造成形刀具和各种形状复杂刀具的常用材料。 ( )

二、选择题

1. 车外圆时，不消耗功率但影响工件精度的切削分力是( )。
   [A] 进给力 [B] 背向力 [C] 主切削力 [D] 总切削力
2. 前刀面上出现积屑瘤对( )有利。
   [A] 精加工 [B] 半精加工 [C] 光整加工 [D] 粗加工
3. 钻削时切削热传出的途径中所占比例最大的是( )。
   [A] 刀具 [B] 工件 [C] 切屑 [D] 空气介质
4. 用硬质合金刀具高速切削时，一般( )。
   [A] 用低浓度化液 [B] 用切削液 [C] 不用切削液 [D] 用少量切削液
5. 既可加工铸铁，又可加工钢料，也适合加工不锈钢等难加工钢料的硬质合金是( )。
   [A] YW 类 [B] YT 类 [C] YN 类 [D] YG 类
6. 刀具的主偏角是在( )中测得的。
   [A] 基面 [B] 切削平面 [C] 正交平面 [D] 进给平面
7. 车削细长轴时，切削力中三个分力以( )对工件的弯曲变形影响最大。
   [A] 主切削力 [B] 进给抗力 [C] 背向力 [D] 摩擦力
8. 切削过程中对切削温度影响最大的因素是( )。
   [A] 切削速度 [B] 进给量 [C] 背吃刀量
9. 粗加工中等硬度的钢材时，一般会产生( )切屑。
   [A] 带状 [B] 挤裂或节状 [C] 崩碎
10. 切削脆性材料时，容易产生( )切屑。
    [A] 带状 [B] 挤裂或节状 [C] 崩碎
11. 积屑瘤在加工过程中起到的作用是( )。
    [A] 减小刀具前角 [B] 保护刀尖 [C] 保证尺寸精度
12. 磨削硬金属材料时，应选用( )的砂轮。
    [A] 硬度较低 [B] 硬度较高 [C] 中等硬度 [D] 细粒度
13. 在切削平面中测量的主切削刃与基面之间的夹角是( )。

[A] 前角　[B] 后角　[C] 主偏角　[D] 刃倾角

14. 切削时刀具上切屑流过的那个表面是(　　)。

[A] 前刀面　[B] 主后面　[C] 副后面　[D]基面

15. 砂轮组织表示砂轮中磨料、结合剂和气孔间的(　　)。

[A] 体积比例　[B] 面积比例　[C] 重量比例　[D] 质量比例

三、填空题

1. 刀具的前角和后角都在_____面内测量。
2. 切削加工时，进给量越大，表面粗糙度就越_____。
3. 切削三要素是指金属切削过程中的_____、_____和_____三个重要参数。
4. 当进给量增加时，切削力_____，切削温度_____。
5. 高速切削时，宜选用_____刀具；粗车钢时，应选用_____。
6. 当主偏角增大时，刀具耐用度_____，当切削温度提高时，刀具耐用度_____。
7. 刀具一般由_____部分和_____部分组成。
8. 当工件材料硬度提高时，切削力_____；当切削速度提高时，切削变形_____。
9. 制造复杂刀具宜选用_____。
10. 刀具失效形式分为：_____和_____。
11. 选择刀具材料时，低速精车用_____；高速铣削平面的端铣刀用_____。
12. 切削用量对切削力的影响程度由小到大的顺序是_____。
13. 切削用量对切削温度的影响程度由大到小的顺序是_____。
14. 减小切屑变形的措施主要有：_____、_____。
15. 常见的切屑种类有：_____、_____和_____。
16. 前角的增大，使切削力_____，后角的增大，使刀具的后刀面与工件过渡表面间的摩擦_____。
17. 磨削加工的实质是磨粒对工件进行_____、_____和_____三种作用的综合过程。

四、名词解释

1. 刀具前角——
2. 刀具使用寿命——
3. 切削深度——
4. 刀具主偏角——
5. 积屑瘤——
6. 刀具耐用度——
7. 切削温度——

五、简答题

1. 刀具材料应具备哪些基本性能？举出两种常用的刀具材料。

2．切削与磨削液应具备的基本要求有哪些？

3．在粗加工时，根据什么来选择切削用量？选择的顺序是怎样的？

4．在车床上车削45号钢工件，可以选用YG6、YG8、YT15、YT30、W18Cr4V中的哪几种刀具材料？

5．怎样划分切削变形区？第一变形区有哪些变形特点？

6．什么是积屑瘤？它对加工过程有什么影响？如何对其进行控制？

7．试述影响切削变形的主要因素及影响规律。

8．常用的切屑形态有哪几种？它们一般都在什么情况下生成？

9．影响切削力的主要因素有哪些？试论述其影响规律。

10．影响切削温度的主要因素有哪些？试论述其影响规律。

11．试分析刀具磨损四种磨损机制的本质与特征，它们各在什么条件下产生？

12．什么是刀具的磨钝标准？制定刀具磨钝标准要考虑哪些因素？

13．什么是刀具寿命和刀具总寿命？试分析切削用量三要素对刀具寿命的影响规律。

14．试述前角的功用及选择原则。

15．试述后角的功用及选择原则。

16．试论述切削用量的选择原则。

17．试述刀具破损的形式及防止破损的措施。

18．什么是砂轮硬度？如何正确选择砂轮硬度？

19．目前超精密加工方法有哪些？有哪些应用实例？

20．与普通切削相比，高速切削有哪些特点？其相关技术有哪些？

21．金属切削过程的本质是什么？如何减少金属切削变形？

22．外圆车刀的切削部分结构由哪些部分组成？绘图表示外圆车刀的六个基本角度。

23．机夹可转位式车刀有哪些优点？

24．什么是磨削外圆的纵磨法和横磨法？

25．什么是磨削温度？影响磨削温度的因素有哪些？

26. 什么是工件材料的切削加工性？指出衡量工件材料可加工性的指标，并说明影响工件材料切削加工性的因素。

27. 试述刀具几何参数对切削加工的影响分析。

第四章 机械加工工艺规程的制定

第一节 必备知识及要点

一、基本概念

1．工序：一个(或一组)工人在一个工作地点，对一个(或同时加工的几个)工件所连续完成的那部分机械加工工艺过程。

2．工步：在加工表面、加工工具、进给量和切削速度都保持不变的情况下，连续完成的那一部分工序内容。

3．工作行程：刀具以加工进给速度相对工件所完成一次进给运动的工步部分。

4．工位：为了一定的工序部分，一次装夹工件后，工件与夹具或设备的可移动部分一起相对刀具或设备的固定部分所占据的每一个位置。

5．装夹：在完成机械加工的工序中，使得工件在机床或夹具中占据某一正确位置并正确夹紧的过程。

6．安装：工件在一次装夹后所完成的那一部分工序。

7．工艺规程：一个工件从毛坯加工成成品的机械加工工艺过程，可以因产量及生产条件的不同而不相同，用一定的文件形式规定下来的工艺过程。

8．设计基准：设计图上作为确定某一几何要素位置的设计尺寸的起点的那些点、线、面。

9．工序基准：在工序图中用来确定本工序所加工表面加工后的尺寸、形状、位置的基准。

10．定位基准：加工时使工件在机床或者夹具中占据一个正确位置所用的基准。

11．粗基准：作为定位基准的表面，若是未加工的毛坯表面则称为粗基准。

12．精基准：作为定位基准的表面，若是经过加工的表面则称为精基准。

13．尺寸链：机器在装配关系或零件加工过程中，由相互连接的尺寸形成的封闭尺寸组。

14．封闭环：在装配过程中最后形成的或在加工过程中间接获得的一环。

二、基本知识

1．机械加工工艺规程编制的基本步骤。

(1)准备性工作阶段；

(2)工艺路线拟定阶段；

(3)工序设计阶段；

(4)最终确定阶段。

2．零件生产纲领。

生产纲领由式(4-1)计算：

$$N = Qn(1+a\%)\cdot(1+b\%) \tag{4-1}$$

式中：N 为零件的年生产纲领；Q 为机器的年产量(台/年)；n 为每台机器中该零件的数量(件/台)；$a\%$ 为备品的百分率；$b\%$ 为废品的百分率。

3．机械加工工艺规程的作用。

(1) 工艺规程是指导生产的技术文件。

(2) 工艺规程是生产管理和组织的主要依据。

(3) 工艺规程是新建或扩建机械制造工厂或车间的基本文件。

(4) 工艺规程是现有生产方法和技术的总结。

4．生产类型。

生产类型是指企业生产专业化程序的分类，一般分为单件生产、成批生产和大量生产。

(1) 单件生产：产品品种多而很少重复，同一零件的生产量很少。

(2) 成批生产：一年中分批制造若干相同产品，生产周期呈周期性重复的情况。

(3) 大量生产：连续的大量生产同一种产品，一般每个机床都固定完成某种零件的某一工序的加工。

5．基准选择原则。

(1) 粗基准选择原则：

①当必须保证不加工表面与加工表面相互位置关系时，应选择该不加工表面为粗基准。

②对于有较多加工表面而不加工表面与加工表面间位置要求不严格的零件，粗基准选择应能保证合理地分配各加工表面的余量。

③选作粗基准的毛坯表面应尽量光滑平整，不应有浇口、冒口的残迹及飞边等缺陷，以避免增大定位误差，并使零件夹紧可靠。

④粗基准应尽量避免重复使用，原则上只在第一道工序上使用。

(2) 精基准选择原则：

①尽可能选择工序基准为精基准，以减少因基准不重合而引起的定位误差。

②如果工件以某一组精基准定位可以比较方便地加工出其他各表面，则应尽可能在多数工序中都采用这组精基准进行定位，这称为“基准统一”原则。

③当精加工或光整加工工序要求余量尽量小而均匀时，或在某些特殊情况下，应选择加工表面本身作为精基准，这称为“自为基准”原则。

④当需要获得均匀的加工余量或较高的相互位置精度时，有时还需要遵循“互为基准，反复加工”原则。

⑤精基准的选择应使定位准确，夹具结构简单，夹紧可靠。

6．机械加工阶段的划分。

(1) 可分为粗加工阶段、半精加工阶段、精加工阶段、光整加工阶段。

(2) 划分加工阶段的原因：

①可以保证加工质量；

②合理使用机床设备；

③便于安排热处理工序；

④粗精加工分开，便于发现毛坯缺陷。

7．尺寸链的组成。

(1)环：指列入尺寸链中的每一尺寸。

(2)封闭环：指在装配过程中最后形成的或在加工过程中间接获得的一环。

(3)组成环：指除封闭环外的全部其他环。

(4)增环：指该环尺寸增大封闭环随之增大，该环尺寸减小封闭环随之减小的组成环。

(5)减环：指该环尺寸增大封闭环随之减小，该环尺寸减小封闭环随之增大的组成环。

8．尺寸链极值法计算。

(1)封闭环基本尺寸：等于所有增环基本尺寸之和减去所有减环基本尺寸之和，即

$$L_0=\sum_{i=1}^{m}\vec{L}_i-\sum_{j=m+1}^{n-1}\overleftarrow{L}_j \tag{4-2}$$

(2)封闭环极限偏差：封闭环的上偏差等于所有增环上偏差之和减去所有减环下偏差之和，封闭环的下偏差等于所有增环下偏差之和减去所有减环上偏差之和，即

$$\mathrm{ES}_0=\sum_{i=1}^{m}\mathrm{ES}_i-\sum_{j=m+1}^{n-1}\mathrm{EI}_j \tag{4-3}$$

$$\mathrm{EI}_0=\sum_{i=1}^{m}\mathrm{EI}_i-\sum_{j=m+1}^{n-1}\mathrm{ES}_j \tag{4-4}$$

(3)解题步骤：

①确定封闭环；

②查找全部组成环，并画出尺寸链图；

③判定组成环中的增、减环，并用箭头标出；

④利用基本计算公式求解。

第二节　习　　题

一、判断题

1．工步就是一次装夹工件后，工件与夹具或设备的可动部分一起相对刀具或设备的固定部分所占据的每一个位置。（　　）

2．在其他组成环不变的条件下，尺寸链中的增环尺寸变大，封闭环尺寸也变大。（　　）

3．在工艺尺寸链中必须同时具有增环和减环。（　　）

4．在工艺尺寸链中可以没有增环，但不能没有减环。（　　）

5．本道工序的加工余量大小与上道工序的工序尺寸公差大小无关。（　　）

6．退火和正火作为预备热处理常安排在毛坯制造之后，粗加工之前。（　　）

7．调质只能作为预备热处理。（　　）

8．单件小批量生产通常采用“工序集中”原则。（　　）

9．零件的生产纲领对其工艺规程的制定没有影响。（　　）

10．粗基准一般不重复使用。（　　）

11．工艺尺寸链组成环的尺寸是由加工直接得到的。（　　）

12. 采用计算机辅助工艺流程有利于实现工艺过程设计的优化和标准化。（　）

13. 粗基准和精基准属于工序基准。（　）

二、选择题

(一)单项选择题

1. 定位基准是指(　　)。

[A] 机床上的某些点、线、面　[B] 夹具上的某些点、线、面

[C] 工件上的某些点、线、面　[D] 刀具上的某些点、线、面

2. 当精加工表面要求加工余量小而均匀时，选择定位精基准的原则是(　　)。

[A] 基准重合　[B] 基准统一　[C] 互为基准　[D] 自为基准

3. 为消除一般机床主轴箱体铸件的内应力，应采用(　　)。

[A] 正火　[B] 调质　[C] 时效　[D] 表面热处理

4. 当有色金属(如铜、铝等)的轴类零件外圆表面要求尺寸精度较高、表面粗糙度值较低时，一般只能采用的加工方案为(　　)。

[A] 粗车-精车-磨削　[B] 粗铣-精铣

[C] 粗车-精车-超精车

5. 车削一批工件的外圆时，先粗车一批工件，再对这批工件半精车。上述工艺过程应划分为(　　)。

[A] 两道工序　[B] 一道工序　[C] 两个工步　[D] 一个工步

6. 直线尺寸链采用极值算法时，其封闭环的下偏差等于(　　)。

[A] 增环的上偏差之和减去减环的上偏差之和

[B] 增环的上偏差之和减去减环的下偏差之和

[C] 增环的下偏差之和减去减环的上偏差之和

[D] 增环的下偏差之和减去减环的下偏差之和

7. 工件的调质处理一般应安排在(　　)。

[A] 粗加工前　[B] 粗加工与半精加工之间

[C] 精加工之后　[D] 任意

8. 为改善材料切削性能而进行的热处理工序(如退火、正火等)，常安排在进行(　　)。

[A] 切削加工之前　[B] 磨削加工之前

[C] 切削加工之后　[D] 粗加工后、精加工前

9. 提高低碳钢的硬度，改善其切削加工性，常采用(　　)。

[A] 退火　[B] 正火　[C] 回火　[D] 淬火

10. 直线尺寸链采用概率算法时，若各组成环均接近正态分布，则封闭环的公差等于(　　)。

[A] 各组成环中公差的最大值　[B] 各组成环中公差的最小值

[C] 各组成环公差之和　[D] 各组成环公差平方和的平方根

11. 箱体零件(材料为铸铁)上主轴孔的加工路线常采用(　　)。

[A] 钻-扩-铰　[B] 粗镗-半精镗

[C] 粗镗-半精镗-精镗　[D] 粗镗-半精镗-磨

12. 基准重合原则是指采用被加工表面的(　　)基准作为精基准。
[A] 设计　[B] 工序　[C] 测量　[D] 装配

13. 箱体类零件常采用(　　)作为统一的精基准。
[A] 一面一孔　[B] 一面两孔　[C] 两面一孔　[D] 两面两孔

(二) 多项选择题

1. 单件时间(定额)包括(　　)等。
[A] 基本时间　[B] 辅助时间
[C] 布置工作地时间　[D] 休息和生理需要时间

2. 缩短基本时间的工艺措施有(　　)。
[A] 提高切削用量　[B] 实现加工过程自动化
[C] 采用多刀多刃进行加工　[D] 采用复合工步

3. 同一工步必须保证(　　)。
[A] 加工表面不变　[B] 加工工具不变
[C] 切削深度不变　[D] 进给量不变

4. 研磨加工可以(　　)。
[A] 提高加工表面尺寸精度　[B] 提高加工表面形状精度
[C] 降低加工表面粗糙度值　[D] 提高加工表面硬度

5. 辅助时间包括(　　)。
[A] 装卸工件的时间　[B] 开停机床的时间
[C] 测量工件的时间　[D] 更换刀具的时间

三、填空题

1. 生产类型通常分为________、________、________。

2. 时间定额由________、________、________、休息和生理需要时间以及准备终结时间组成。

3. 加工余量的变化量应等于本工序尺寸公差与________之和。

4. 工序是指一个或一组工人在一个________对工件所________的那部分工艺过程。

5. 确定零件机械加工顺序的基本原则是________、________、________和________。

6. 工步是指在被加工表面，________、________和________都保持不变的情况下所完成的工序内容。

四、名词解释

1. 工序——
2. 工步——
3. 封闭环——
4. 工作行程——
5. 工位——
6. 生产纲领——
7. 装配基准——

8．工序基准——

9．定位基准——

10．设计基准——

五、简答题

1．在拟定机械零件机械加工顺序时，通常将加工过程划分为哪几个加工阶段？并简述划分机械加工阶段的原因。

2．什么是设计基准、工艺基准、工序基准、定位基准、测量基准和装配基准？

3．什么是工序、工位、工步和走刀？试举例说明。

4．什么是工艺过程？什么是工艺规程？并简述工艺规程的作用。

5．试简述工艺规程的设计原则、设计内容及设计步骤。

6．什么是粗基准？其选择原则是什么？

7．什么是精基准？其选择原则是什么？

8．试简述按工序集中原则、工序分散原则组织工艺过程的工艺特征，各用于什么场合？

9．加工工序顺序的安排应遵循哪些原则？

10．什么叫时间定额？它由哪几部分组成？

11．何谓工艺尺寸链？公差大的环是否就是封闭环？

12．什么是生产成本、工艺成本？什么是可变费用、不变费用？在市场经济条件下，如何正确运用经济分析方法合理选择工艺方案？

13．简述提高机械加工生产率的工艺措施，并且说明降低工艺成本应从哪些角度考虑？

14．如何确定切削用量？

15．什么是加工余量？什么是工序间余量和总余量？确定工序加工余量应考虑哪些因素？

16. 如图 4-1 所示尺寸链中(图中 A_0 是封闭环)，哪些组成环是增环？那些组成环是减环？

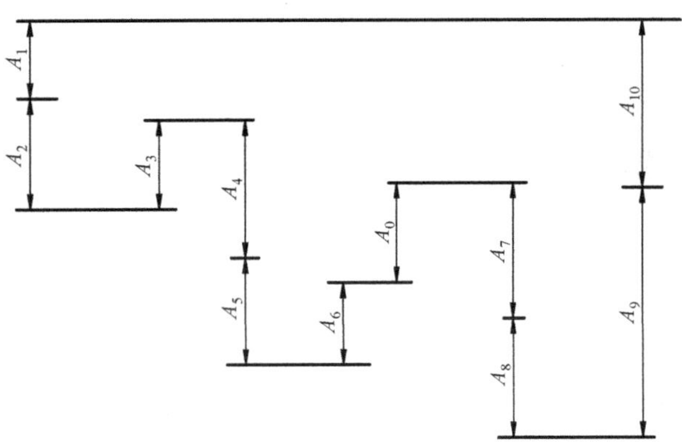

图 4-1　尺寸链图

17．加工如图 4-2 所示零件，其粗、精基准应如何选择(标有 ▽ 符号的为加工面，其余为非加工面)？图 4-2(a)、(b)、(c)所示零件要求内外圆同轴，端面与孔轴线垂直，非加工面与加工面间尽可能保持壁厚均匀；图 4-2(d)所示零件毛坯孔已铸出，要求孔加工余量尽可能均匀。

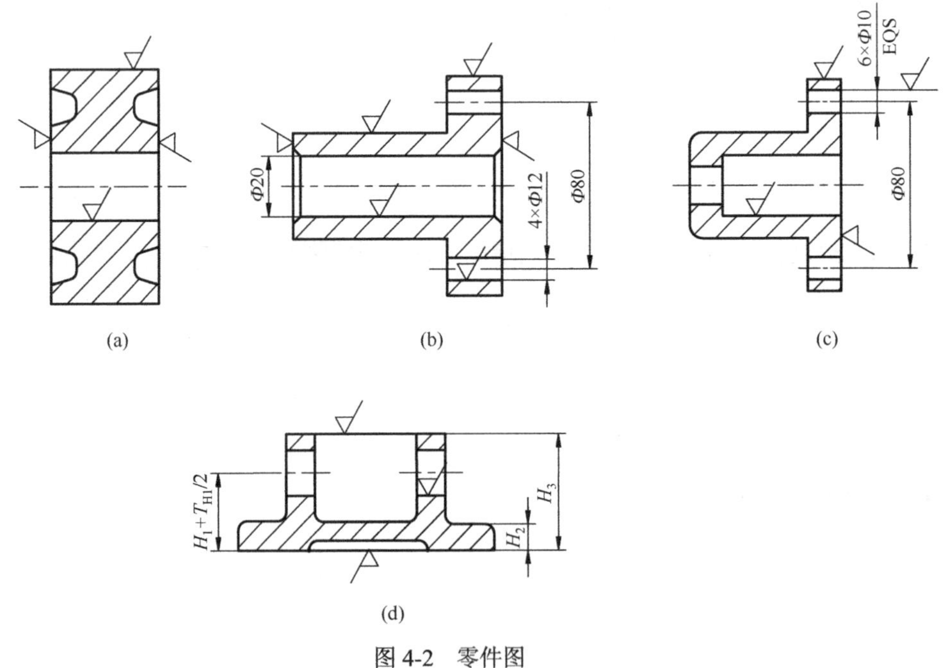

图 4-2　零件图

18．根据零件图 4-3，制定下述零件的机械加工工艺过程，具体条件：45 号钢，圆料 Φ70mm，单件生产。

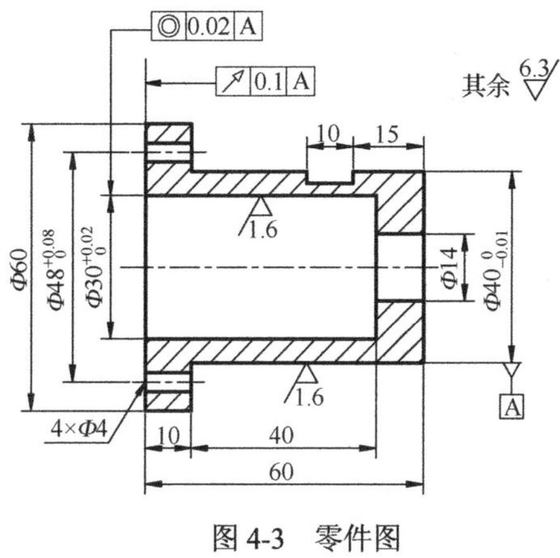

图 4-3　零件图

19．编制如图 4-4 所示的阶梯轴零件的工艺规程。零件材料为 45 钢，毛坯为棒料，生产批量为 10 件。

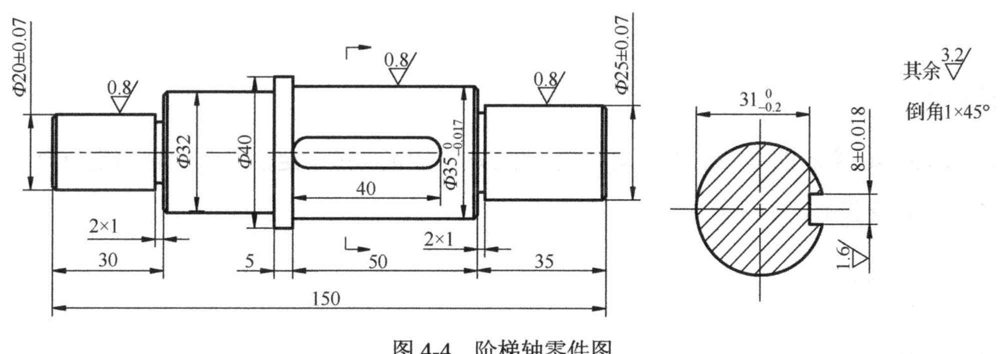

图 4-4　阶梯轴零件图

20．拟定如图 4-5 所示零件的成批生产工艺路线，并指出各工序的定位基准。

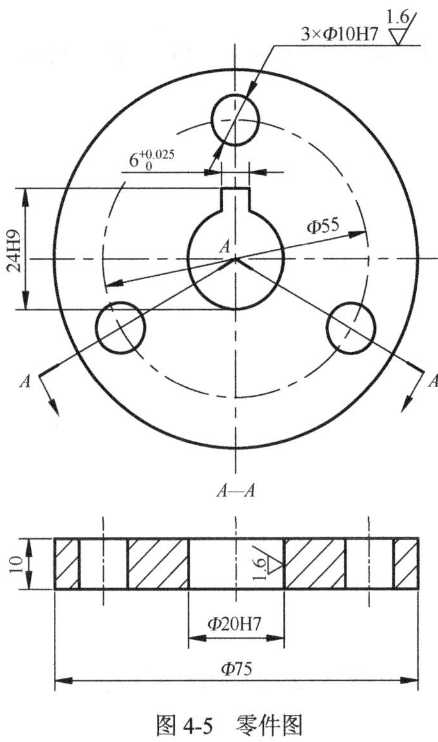

图 4-5　零件图

六、计算题

1．如图 4-6 所示的零件，当用调整法铣槽 $30^{+0.5}_{0}$ mm，试确定以大端面轴向定位时铣槽的工序尺寸 L 及其上、下偏差。

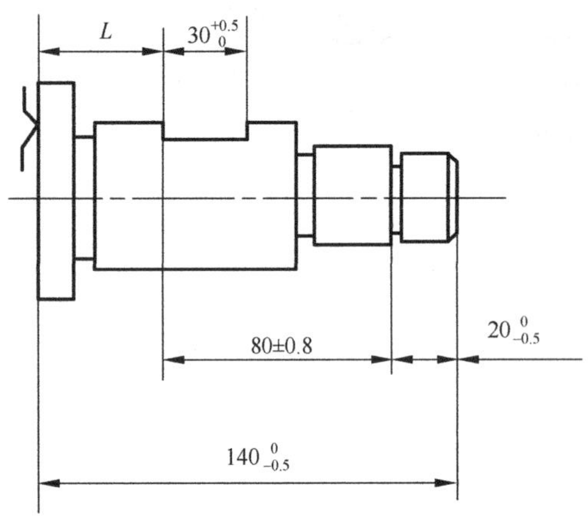

图 4-6　尺寸图

2．如图 4-7 所示零件，各平面均已加工完毕，现欲以底面 A 作为定位基准使用调整法镗孔。确定孔的位置的设计尺寸100 ± 0.15mm 的基准平面是 C。试标注镗孔加工尺寸 L 及上、下偏差。

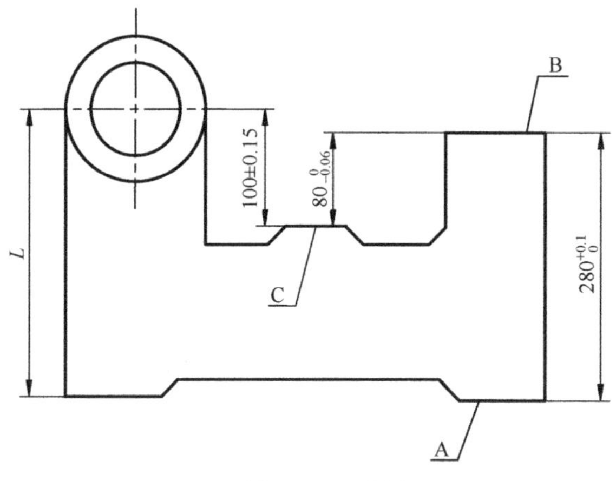

图 4-7　尺寸图

3．如图 4-8 所示主轴横剖面，要求保证键槽深度 $t=4_{0}^{+0.12}$mm 的有关工艺过程如下：(1) 车外圆至 $\Phi 28.5_{-0.084}^{0}$mm；(2) 在铣床铣键槽至 $4_{0}^{+0.12}$mm 槽深；(3) 热处理；(4) 磨外圆至 $\Phi 28_{+0.008}^{+0.021}$mm。试计算铣削键槽深度的工序尺寸及上、下偏差。

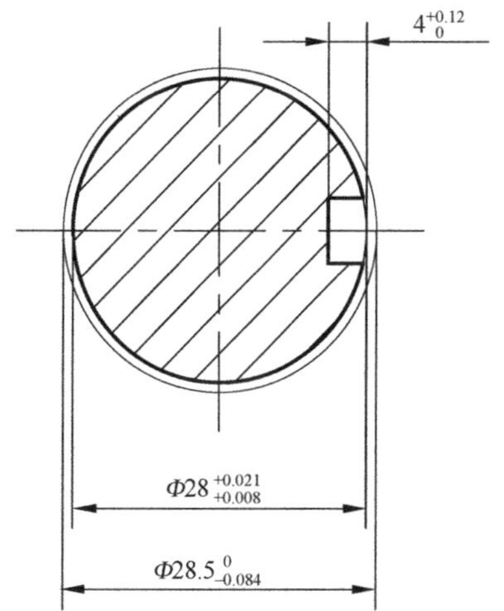

图 4-8　主轴横剖面及各尺寸

4. 如图 4-9 所示零件，最后工序加工时是以 M 面为定位基准，用调整法加工 $\Phi30_{0}^{+0.032}$ mm 孔，如欲保证设计尺寸 40±0.10mm，试确定该工序的工序尺寸及上、下偏差。

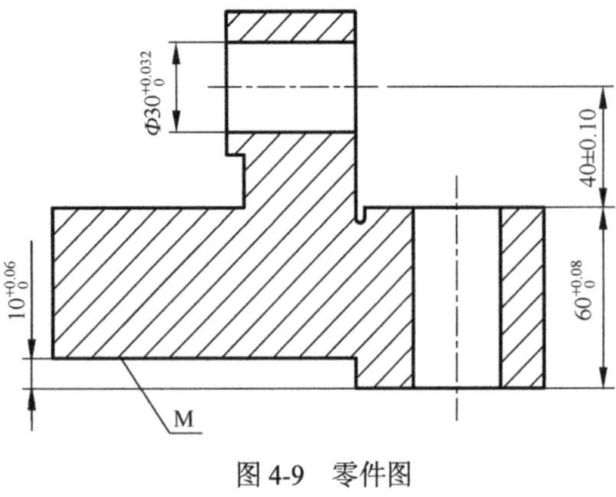

图 4-9　零件图

5．如图 4-10 所示工件成批时用端面 B 定位加工表面 A(用调整法)，以保证尺寸 $10_{0}^{+0.20}$ mm，试计算铣削表面 A 时的工序尺寸及上、下偏差。

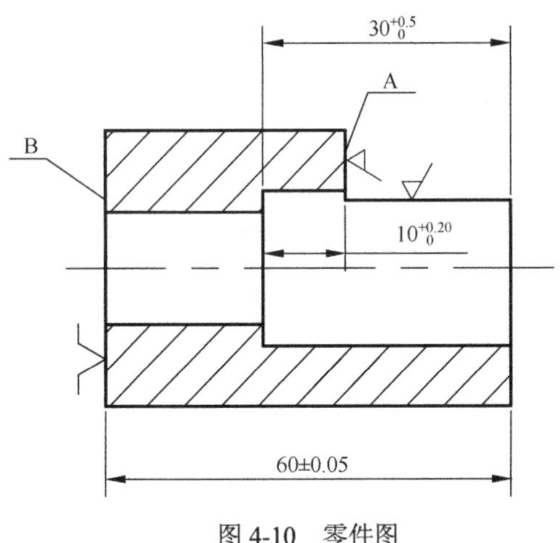

图 4-10　零件图

6. 图 4-11 是终磨十字轴端面的工序草图。其中图 4-11(a)是磨端面 A 工位，它以 O_1O_1 轴外圆面靠在平面支承上，限制自由度 $\vec{Z}$ 、以 O_2O_2 轴外圆支承在长 V 形块上限制自由度 $\vec{X}$ 、$\vec{Y}$

和$\widehat{X}$、$\widehat{Y}$，要求保证工序尺寸 C。其中图 4-11(b)是磨端面 B 工位，要求保证图示工序尺寸。已知轴径 $d = \Phi 24.98_{-0.02}^{\ 0}$ mm，试求工序尺寸 C 及其极限偏差。

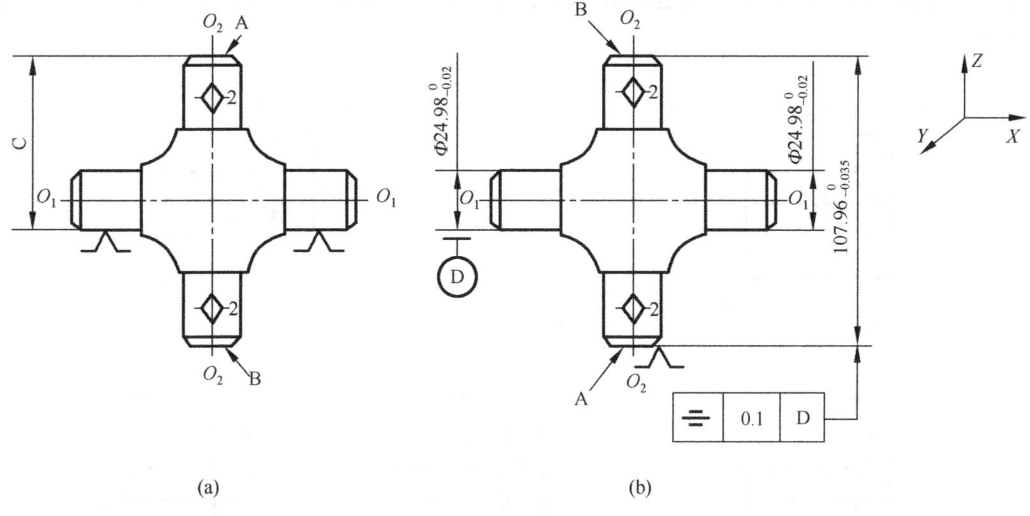

图 4-11　终磨十字轴端面的工序图

7．如图 4-12 所示轴套零件的轴向尺寸，其外圆、内孔及端面均已加工完毕。试求：当以 B 面定位钻直径为 Φ10mm 孔时的工序尺寸 A_1 及其偏差。(要求画出尺寸链图、指出封闭环、增环和减环。)

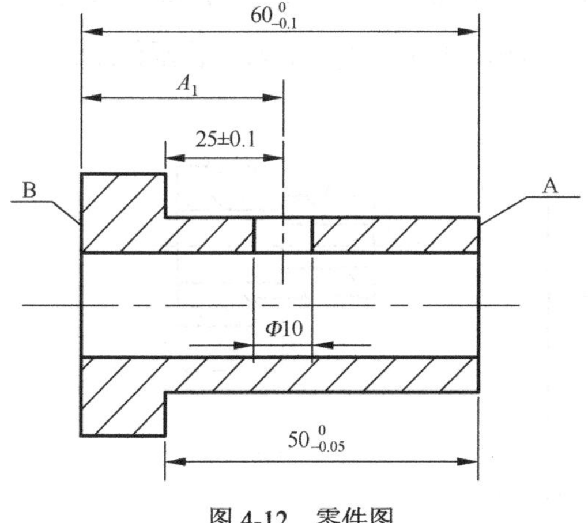

图 4-12　零件图

8. 图 4-13(a)为一轴套零件图，(b)为车削工序简图，图(c)给出了钻孔工序三种不同定位方案的工序简图，要求保证图(a)所规定的位置尺寸 10 ± 0.1mm 的要求。试分别计算工序 A_1、A_2 与 A_3 的尺寸及公差。为表达清晰，图中只标出了与计算工序尺寸 A_1、A_2、A_3 有关的轴向尺寸。

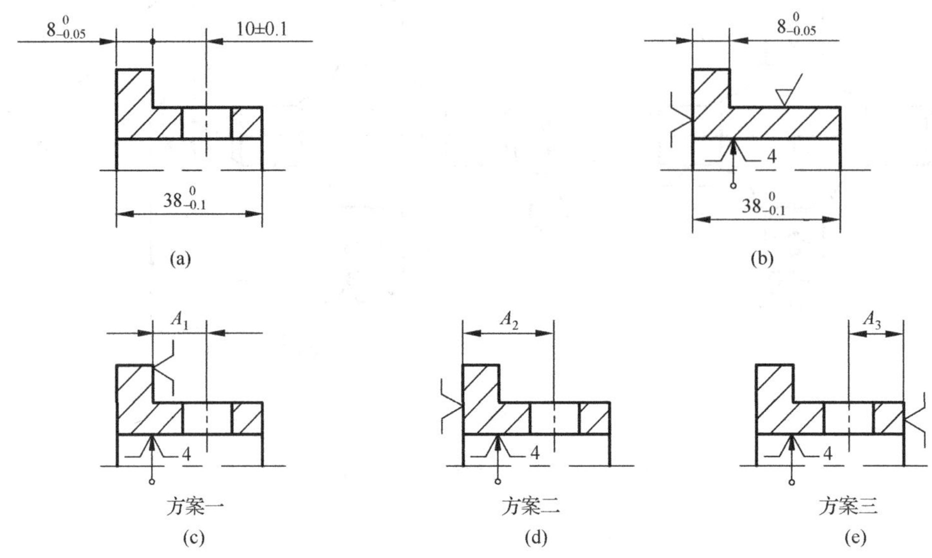

图 4-13　轴套零件图及各定位方案

9. 加工如图 4-14 所示零件有关端面，要求保证轴向尺寸 $50^{\ 0}_{-0.1}$mm，$25^{\ 0}_{-0.3}$mm 和 $5^{+0.4}_{\ 0}$mm。图(b)，图(c)是加工上述有关端面的工序草图，试求工序尺寸 A_1、A_2、A_3 及其极限偏差。

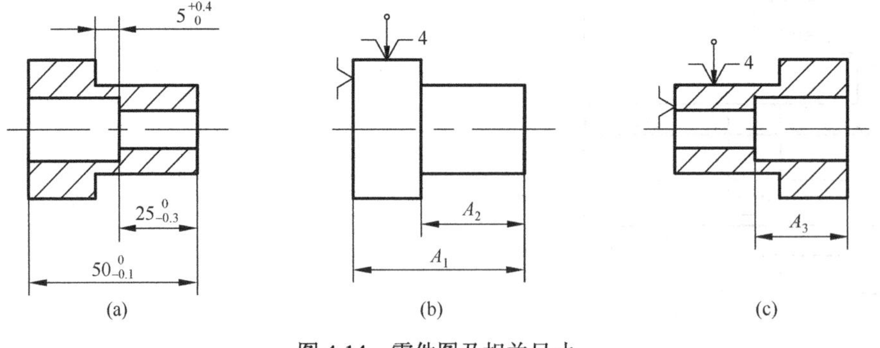

图 4-14　零件图及相关尺寸

第五章　机 床 夹 具

第一节　必备知识及要点

一、基本概念

1．定位：在机床加工工件时，为了保证工件被加工表面的尺寸、几何形状和相互位置精度等达到要求，必须使得工件在机床上占据正确的位置，这一过程称为工件的定位。

2．工件的夹紧：为使该正确位置在加工过程中不发生变化，就需要使用特殊的工艺方法将工件夹紧压牢。或者说工件定位后将其固定，使其在加工过程中保持定位位置不变的操作。

3．工件的装夹：从定位到夹紧的全过程。

4．机床夹具：用于装夹工件的工艺装备。

5．六点定位原理：夹具上按一定规律分布的六个支撑点可以限制工件的六个自由度，其中每个支撑点相应地限制一个自由度。

6．完全定位：通过适当设置定位元件限制工件的六个自由度，实现完全定位。

7．部分定位：有时，由于工件形状特点，没有必要也无法限制工件某些方向的自由度，这种情况下，只能采用部分定位。

8．欠定位：如果工件定位方案中的定位点少于应限制的自由度数，而实际上某些应该限制的自由度没有限制，工件定位不足，这种情况称为欠定位。这是不允许的。

9．重复定位(过定位)：定位方案中有些定位点重复限制了同一个自由度，称为重复定位。重复定位一般是不允许的。

二、基本知识

1．工件在机床上的装夹方法。

(1)直接找正装夹；

(2)按画线找正装夹；

(3)在夹具中安装。

2．常用定位元件。

(1)平面定位：①支撑钉；②支撑板；③可调支撑；④自位支撑；⑤辅助支撑。

(2)内孔定位元件：①小锥度心轴；②刚性心轴；③定位销；④圆锥销。

(3)外圆定位元件：①支撑板；②V 形块。

3．机床夹具的作用。

(1)保证加工精度；

(2)提高劳动生产率；

(3)降低对工人的技术要求和减轻工人的劳动强度；

(4) 扩大机床的加工范围。

4．机床夹具的组成。

机床夹具由定位元件、夹紧装置、对刀和引导元件、其他元件组成。

5．定位误差分析与计算。

定位误差计算公式：

$$\Delta_{DW} = \Delta_{JW} + \Delta_{JB} \tag{5-1}$$

式中，定位误差 Δ_{DW} 是指由于工件定位所造成加工表面相对其工序基准的位置误差。基准位置误差 Δ_{JW} 是指定位基准本身的变动量。基准不重合误差 Δ_{JB} 是指工序基准相对于定位基准的变动量。

6．基准位置误差 Δ_{JW} 的分析。

(1) 内孔定位时的基准位置误差。

①心轴定位（心轴竖直）：

$$\Delta_{JW} = T_D + T_d + \Delta_{min} \tag{5-2}$$

式中，T_D 为工件内孔直径公差；T_d 为定位心轴的直径公差；Δ_{min} 为间隙配合的最小间隙。

②心轴定位（心轴水平）：

$$\Delta_{JW} = \frac{1}{2}(T_D + T_d) \tag{5-3}$$

(2) 外圆定位时的基准位置误差。

①爪卡盘（基准位置误差为零）。

②V 形块定位：

$$\Delta_{JW} = \frac{T_d}{2\sin\dfrac{\alpha}{2}} \tag{5-4}$$

式中，T_d 为工件外圆直径公差；α 为 V 形块夹角。

第二节　习　　题

一、判断题

1．定位误差是由基准位置误差和基准不重合误差引起的。　（　　）

2．工件的定位误差就是工序基准在工序尺寸方向上的最大变动量。　（　　）

3．定位元件限制的自由度数少于六个，就不会发生重复定位。　（　　）

4．不完全定位在零件的定位方案中是不允许的。　（　　）

5．工件在夹具中被夹紧后，工件的定位才完成。　（　　）

6．工件定位元件中可调支撑与辅助支撑结构相似，所以作用相同。　（　　）

7．轴类零件常用两中心孔作为定位基准，遵循互为基准原则。　（　　）

8．在确定夹具定位方案时，如果工件的加工精度比较高而不会产生干涉，则过定位是允许的。　（　　）

9．采用六个支承钉进行工件定位，则限制了工件的六个自由度。 ( )

10．设计箱体零件加工工艺时，常采用基准统一原则。 ( )

11．轴类零件加工时，往往先加工两端面和中心孔，并以此为定位基准加工所有外圆表面，这样既满足了基准重合原则，又满足基准统一原则。 ( )

12．过定位是指工件实际被限制的自由度数多于工件加工所必须限制的自由度数。 ( )

13．机械加工工艺过程中，用粗基准安装是必不可少的。 ( )

二、选择题

1．在钻床上钻孔时，孔的位置精度不便用( )。

[A] 钻模获得　[B] 块规、样板找正获得

[C] 划线法获得　[D] 试切法获得

2．工件采用心轴定位时，定位基准面是( )。

[A] 心轴外圆柱面　[B] 工件内圆柱面

[C] 心轴中心线　[D] 工件外圆柱面

3．机床夹具中，用来确定工件在夹具中位置的元件是( )。

[A] 定位元件　[B] 对刀-导向元件　[C] 夹紧元件　[D] 连接元件

4．工件以圆柱面在短 V 形块上定位时，限制了工件( )个自由度。

[A] 5　[B] 4　[C] 3　[D] 2

5．在一平板上铣通槽，除沿槽长方向的一个自由度未被限制外，其余自由度均被限制。此定位方式属于( )。

[A] 完全定位　[B] 部分定位　[C] 欠定位　[D] 过定位

6．布置在同一平面上的两个支承板相当于的支承点数是( )。

[A] 2 个　[B] 3 个　[C] 4 个　[D] 无数个

7．定位误差主要发生在按( )加工一批工件过程中，加工表面位置可认为固定不动的。

[A] 试切法　[B] 调整法

[C] 定尺寸刀具法　[D] 轨迹法

8．加工用夹具的有关尺寸公差通常取零件相应尺寸公差的( )。

[A] 1/10～1/5　[B] 1/5～1/3　[C] 1/3～1/2　[D] 1/2～1

9．在车床上安装工件时，能自动定心并夹紧工件的夹具是( )。

[A] 三爪卡盘　[B] 四爪卡盘　[C] 中心架

10．在主轴箱体的加工中，以主轴毛坯孔作为粗基准，目的是( )。

[A] 保证主轴孔表面加工余量均匀

[B] 保证箱体顶面的加工余量均匀

[C] 保证主轴与其他不加工面的相互位置

[D] 减少箱体总的加工余量

11．( )广泛应用于单件和小批量生产中。

[A] 通用夹具　[B] 专用夹具　[C] 组合夹具　[D] 成组夹具

12．( )广泛应用于成批和大量生产中。

[A] 通用夹具　[B] 专用夹具　[C] 组合夹具　[D] 成组夹具

13．工件定位时，过定位(　　)。

[A] 是不允许的　　[B] 是允许的

[C] 对较复杂工件是必需的　　[D] 是不可避免的

14．先将工件在机床或夹具中定位，调整好刀具与定位元件的相对位置，并在一批零件的加工过程中保持该位置不变，以保证工件被加工尺寸的方法称为(　　)。

[A] 试切法　　[B] 自动控制法

[C] 定尺寸刀具法　　[D] 调整法

三、填空题

1．专用机床夹具一般由________、________、________、________、________组成。

2．工件在机床上的装夹方式有________、________和________。

3．定位基准与工序基准不一致引起的定位误差称________误差，工件以平面定位时，可以不考虑________误差。

4．一个支承钉可以消除________个自由度，限制六个自由度的定位称________。

5．辅助支承可以消除________个自由度，限制同一自由度的定位称________。

6．夹具上定位元件的作用是________。

7．按用途的不同，机床的夹具可以分为________、________和________三大类。

8．机械加工中，轴类零件常用________或________作为定位基准。

9．工件的定位通常有四种情况，根据六点定位原理，其中常用且能满足工序加工要求的定位情况有________和________。

10．机械加工中工件上用于定位的点、线、面称为________。

四、名词解释

1．六点定位原理——

2．定位误差——

3．定位——

4．机床夹具——

5．工件的自由度——

6．部分定位——

7．欠定位——

8．过定位——

五、简答题

1．机床夹具的作用是什么？它由哪几部分构成？

2．工件以外圆作为定位基准时可采用什么定位元件定位？

3．什么是工件的定位？什么是工件的夹紧？二者一样吗？试举例说明。

4．指出图 5-1 中的定位元件分别限制了哪几个自由度？

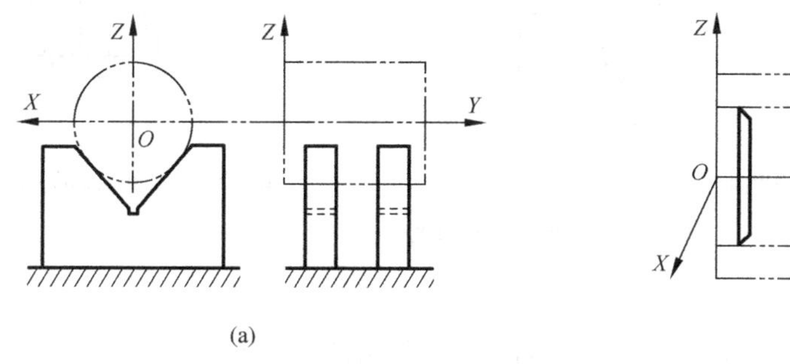

图 5-1　定位图

5．什么是安装？什么是装夹？二者有什么区别？

6．工件在机床上的装夹方法有哪几种？分别指出各自的适用范围。

7. 如图 5-2 所示四种工件定位方式，根据加工要求分别判断：(1)按照加工要求，需要限制哪几个自由度？(2)每个定位元件各限制了哪几个自由度？(3)判断是否是欠定位或重复定位？

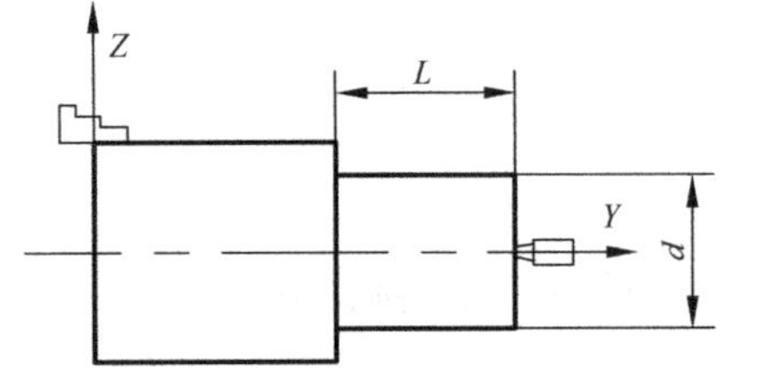

(a) 车外圆及轴肩，采用三爪卡盘和右顶尖

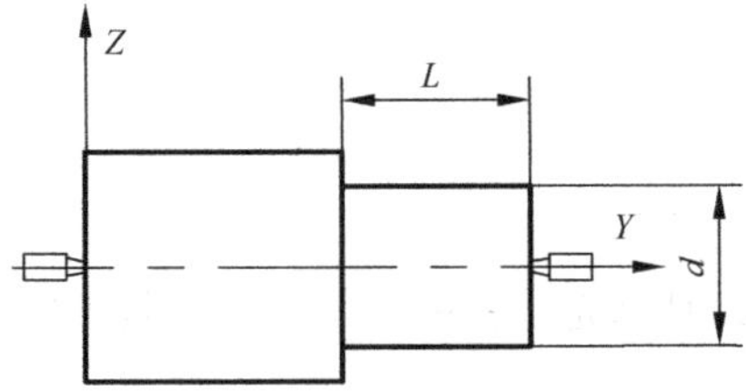

(b) 车外圆及轴肩，采用左、右顶尖

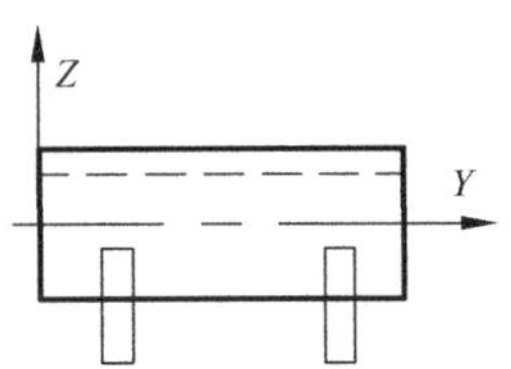

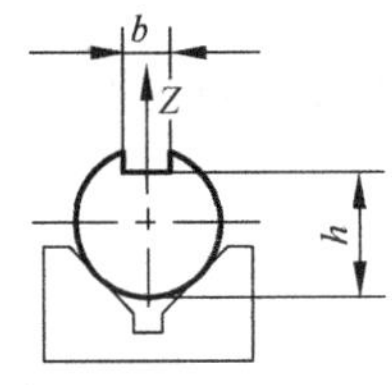

(c) 铣键槽，采用两个V形块

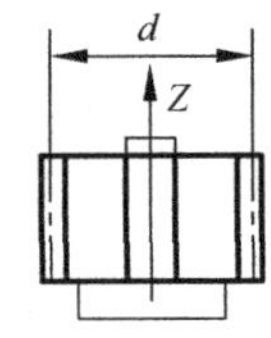

(d) 滚齿，采用端面和芯轴定位

图 5-2　四种定位简图

8. 试分析比较可调支承、自位支承和辅助支承的作用及应用范围。

9. 如图 5-3 所示零件，各平面和孔已加工完毕，现在工件上铣槽。(1)指出必须限制的自由度有哪些；(2)选择定位基准面；(3)选择定位元件，并指出各定位元件限制的自由度数目。

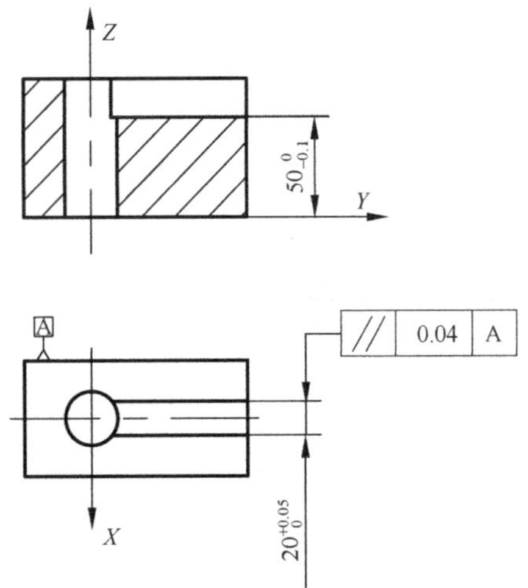

图 5-3 零件图

10．简述夹具的工作原理。

11．简述基准不重合误差、基准位置误差和定位误差的概念及产生的原因。

12．钻床夹具在机床上的位置是根据什么确定的？车床夹具在机床上的位置是根据什么确定的？

13．试分析图 5-4 中的定位元件所限制的自由度，判断有无欠定位或过定位，并对方案中不合理处提出改进意见。

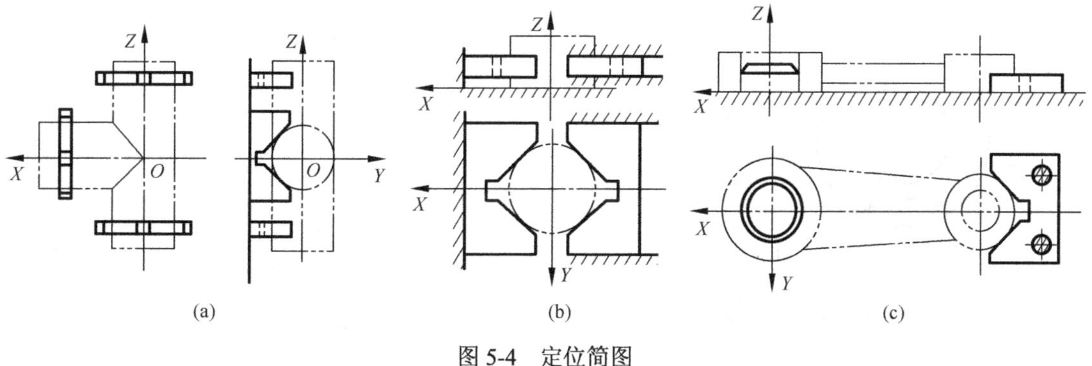

图 5-4　定位简图

14．试分析图 5-5 中各定位元件所限制的自由度数。

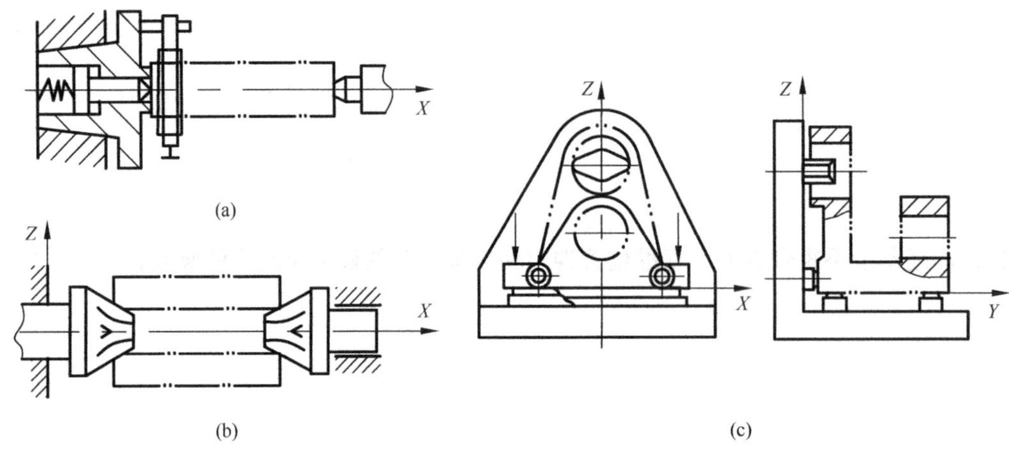

图 5-5　定位简图

六、计算题

1．如图 5-6 所示阶梯轴零件，使用长 V 形块给大圆柱定位，试分析在圆柱上铣削两垂直通平面时该定位方案所限制的自由度数和计算定位误差能否满足图纸要求？若达不到要求应采取何措施？

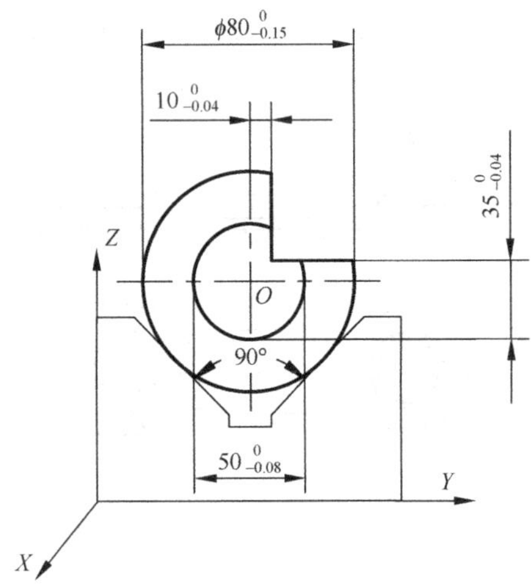

图 5-6　阶梯轴零件定位简图

2．如图 5-7 所示，套筒类工件以间隙配合心轴定位铣键槽时，图中给出了两种标注键槽深度工序尺寸 H_1、H_2，当心轴水平放置，心轴与内孔固定边接触时，分别计算 H_1、H_2 的定位误差。

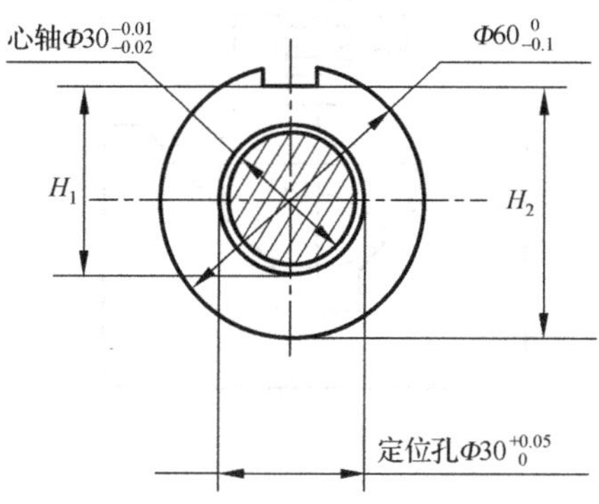

图 5-7 铣键槽时定位简图

3．如图 5-8 所示套筒形零件，现欲在其上铣削一台阶面，两个方向的工序尺寸要求如图。现有两个定位方案，第一种是采用水平放置芯轴加小端面定位，第二种是采用长 V 形块定位。按照图示的坐标系，试问：

(1) 根据加工要求，至少需要限制哪几个自由度？

(2) 在两个定位方案中，各自限制了哪几个自由度？分别属于哪种定位情况（完全定位、部分定位、欠定位或过定位）？

(3) 针对两个定位方案，分别计算其定位误差。

（已知工件外圆直径 $\Phi50_{-0.04}^{0}$ mm，内孔直径 $\Phi30_{0}^{+0.03}$ mm，芯轴直径 $\Phi30_{-0.03}^{-0.01}$ mm。）

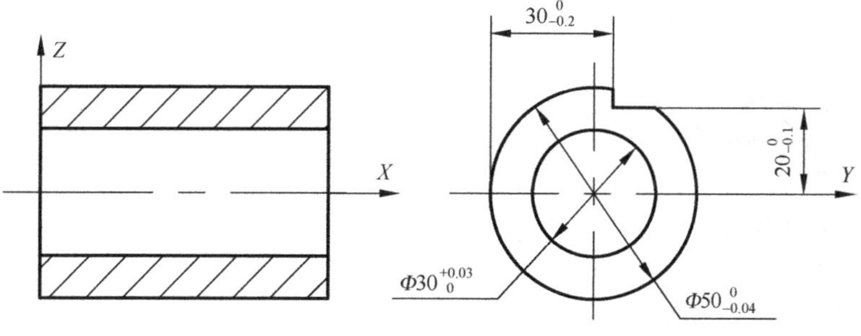

图 5-8 套筒形零件

4．如图 5-9 所示为铣键槽工序的加工要求，已知轴径尺寸 $\Phi80_{-0.1}^{\ 0}$ mm，试分别计算图 5-9(b)、(c)两种定位方案的定位误差。

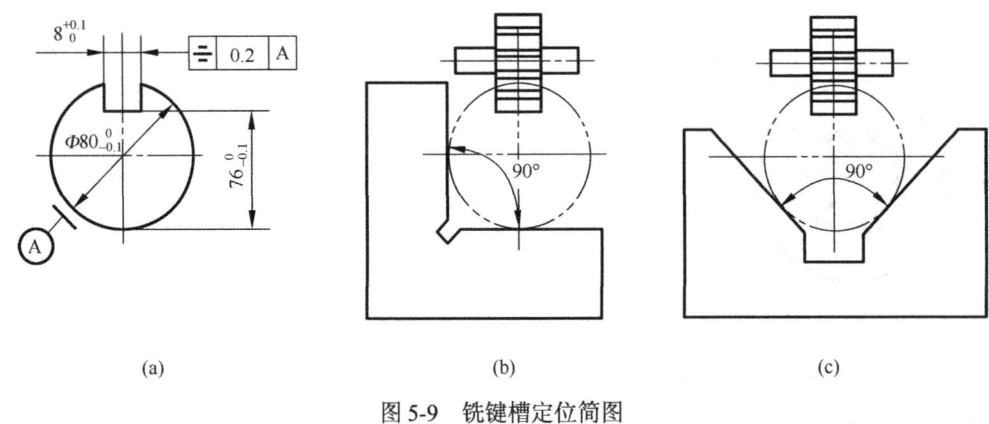

图 5-9　铣键槽定位简图

5．按图 5-10 所示定位方式铣轴平面，要求保证尺寸 A。已知：轴径 $d=\Phi16_{-0.11}^{\ 0}$ mm，$B=\Phi10_{\ 0}^{+0.3}$ mm，$\alpha=45°$。试求此工序的定位误差。

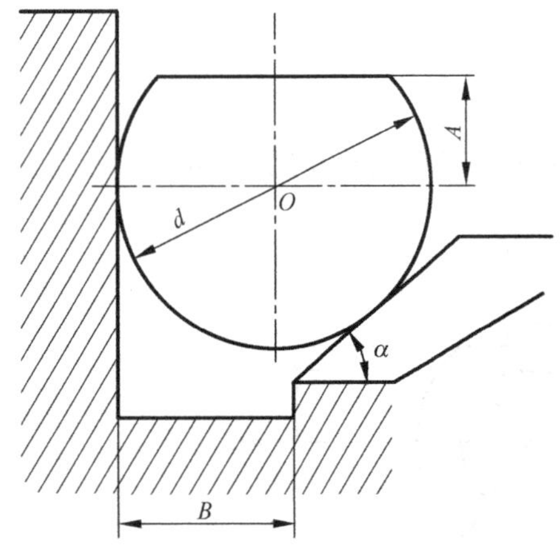

图 5-10　铣轴平面定位简图

6．如图 5-11 所示，工件以外圆为定位表面加工键槽，V 形块夹角为α。求定位误差$\Delta_{DW(H_1)}$、$\Delta_{DW(H_2)}$、$\Delta_{DW(H_3)}$和$\Delta_{DW(对称)}$。

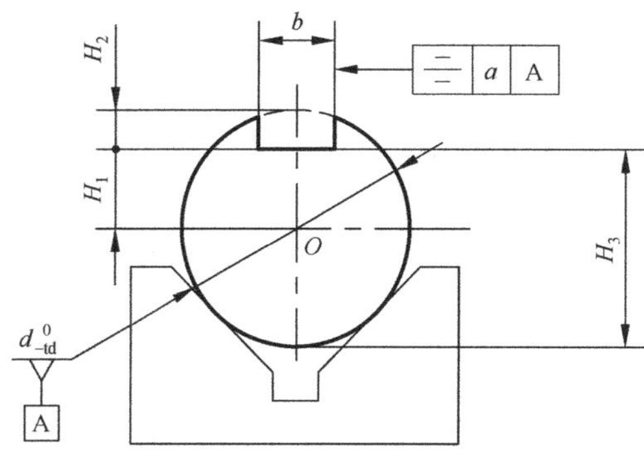

图 5-11　工件以外圆定位简图

7．如图 5-12 所示零件的外圆及两端已加工完毕(外圆直径$D=50_{-0.1}^{0}$mm)。现加工槽 B，要求保证位置尺寸 L 和 H。确定加工时必须限制的自由度；选择定位方法和定位元件，并在图中画出示意图；计算所选定位方法的定位误差。

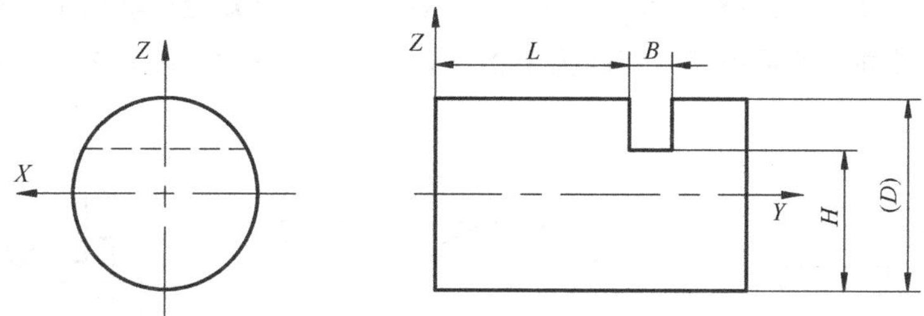

图 5-12　加工槽时的定位简图

8．按图 5-13 所示方式定位加工孔$\Phi 20_{0}^{+0.045}$mm，要求孔对外圆的同轴度公差为$\Phi 0.03$mm。已知$d=\Phi 60_{-0.14}^{0}$mm，$b=30\pm 0.07$mm。试分析计算此定位方案的定位误差。

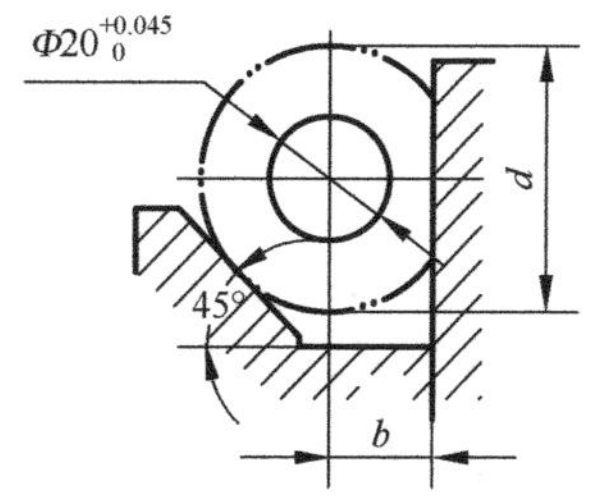

图 5-13　加工孔的定位简图

9. 如图 5-14 所示圆柱形工件，现欲在其上铣削平面 A 和 B，其位置尺寸如图所示，试计算该定位方案的定位误差是多少，是否满足要求？

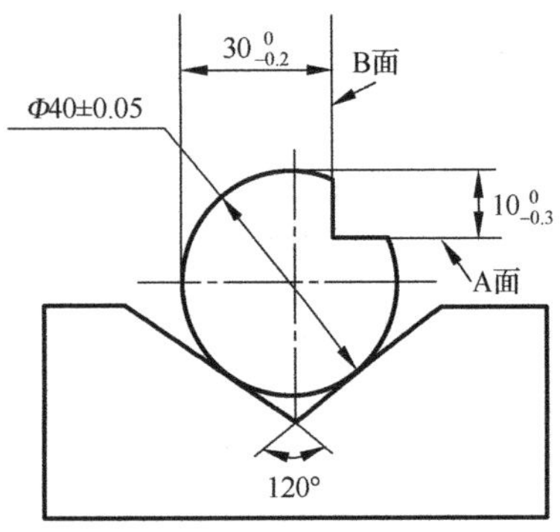

图 5-14　圆柱形工件定位简图

10. 现欲在一外圆尺寸为 $\Phi40_{-0.08}^{\ 0}$ mm 的工件上，采用调整法钻一小孔 O，要求保持 $L=35_{-0.05}^{\ 0}$ mm，采用如图 5-15 所示三种定位方案 $\alpha=90°$，已知定位套筒水平放置孔公差为 0.02mm，且与工件外圆的最小配合间隙为 0.01mm，试计算三种定位方案的误差。请问哪种定位方案更合理？

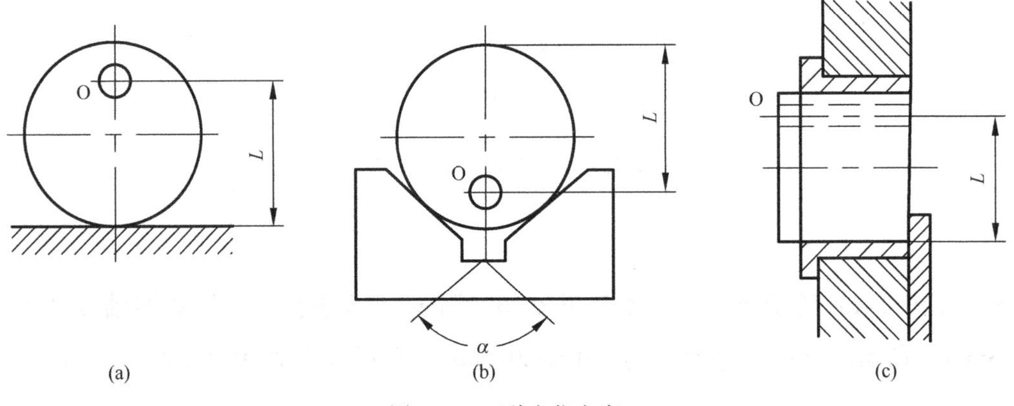

图 5-15　三种定位方案

第六章　机械加工精度的影响因素及控制

第一节　必备知识及要点

一、基本概念

1．机械加工精度：零件经机械加工后的实际几何参数(尺寸、形状、表面相互位置)与零件的理想几何参数相符合的程度。

2．加工误差：实际加工的零件不可能做得与理想零件完全一致，经加工后零件的实际几何参数与理想零件的几何参数的偏离程度。

3．误差敏感方向：工艺系统误差引起刀尖和工件在加工表面的法线方向产生相对位移，该误差对加工精度有直接的影响，影响加工精度最大的那个方向。

4．原理误差：在加工中因为采用了近似加工运动或近似的刀具切刃形状轮廓而产生的误差。

5．工艺系统原有误差：在零件未加工前工艺系统本身所具有的某些误差因素，也称为工艺系统静误差。

6．工艺过程原始误差：在加工过程中受力、热、磨损等的影响，工艺系统原有精度受到破坏而产生的附加误差因素，也称工艺系统动误差。

7．误差复映规律：经加工后零件存在的加工误差和加工前的毛坯误差相对应，其几何形状误差与上工序相似。

8．误差复映系数：定量地反映了毛坯误差经加工后减小的程度。

9．系统性误差：相同工艺条件，当连续加工一批零件时，加工误差的大小和方向保持不变或按一定的规律而变化。

二、基本知识

1．尺寸精度获得方法。

(1) 试切法；

(2) 定尺寸刀具法；

(3) 调整法；

(4) 自动控制法。

2．位置精度获得方法。

(1) 一次装夹法；

(2) 多次装夹法；

(3) 非成形运动法。

3．形状精度获得方法。

(1) 成形运动法：①轨迹法；②仿形法；③成形刀具法；④展成法。

(2) 非成形运动法。

4．机械加工精度。

尺寸精度、几何形状精度、相互位置精度。

5．机床直线运动的精度。

导轨误差主要包括导轨在水平面内直线度误差、导轨在垂直平面内直线度误差、两导轨间的平行度误差，如图 6-1 所示。

(1) 导轨在垂直面内的直线度误差 $\Delta R \approx \dfrac{\Delta Z^2}{2R}$；

(2) 导轨在水平面内的直线度误差 $\Delta R = \Delta Y$；

(3) 两导轨间的平行度误差 $\Delta R = 2\delta = 2\dfrac{\Delta H}{B}$。

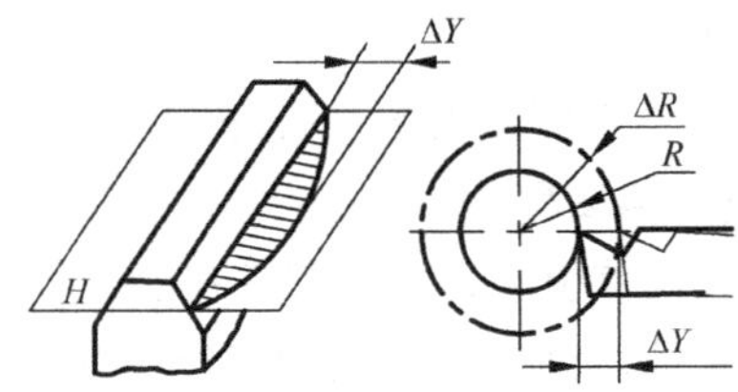

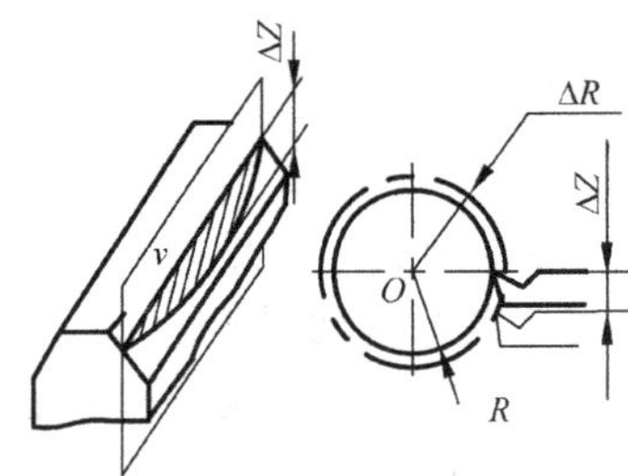

图 6-1　导轨误差

6．工艺系统受力变形。

(1) 工艺系统刚度：是以切削力和在该力方向上(误差敏感方向)所引起的刀具与工件间相对变形位移的比值表示的，即

$$k_{xt} = \frac{F_Y}{Y} \tag{6-1}$$

根据定义，则有

$$k_{xt} = \frac{1}{\dfrac{1}{k_j} + \dfrac{1}{k_d} + \dfrac{1}{k_g}} \tag{6-2}$$

式中，k_j 为机床刚度；k_d 为刀具刚度；k_g 为工件刚度。

(2) 误差复映规律产生的原因：切削过程中，由于毛坯加工余量和材料硬度的变化，引起切削力的变化，工艺系统受力变形也相应地发生变化，及刀具相对工件位置发生变化，因而产生工件的尺寸误差和形状误差。

(3) 误差复映规律：经加工后的零件存在的加工误差和加工前的毛坯误差相对应，几何形状与上道工序相似的现象。公式为

$$\frac{\Delta_g}{\Delta_m} = \varepsilon \tag{6-3}$$

$$\varepsilon = \frac{c}{k_{xt}} \tag{6-4}$$

$$C = \lambda C_{F_z} f^{Y_{F_z}} \tag{6-5}$$

式中，Δ_g 为工件误差；Δ_m 为毛坯误差；ε 为误差复映系数；C 为常数；Ca_p 为切削力；f 为进给量。

7．提高工艺系统刚度的措施。

(1)提高工件在加工时的刚度；

(2)提高刀具刚度；

(3)提高机床刚度。

8．分布曲线统计分析方法。

这种方法通过测量一批零件加工后的实际尺寸，做出尺寸分布曲线(图6-2)，然后按此曲线的位置和形状判断这种加工方法产生的误差情况。

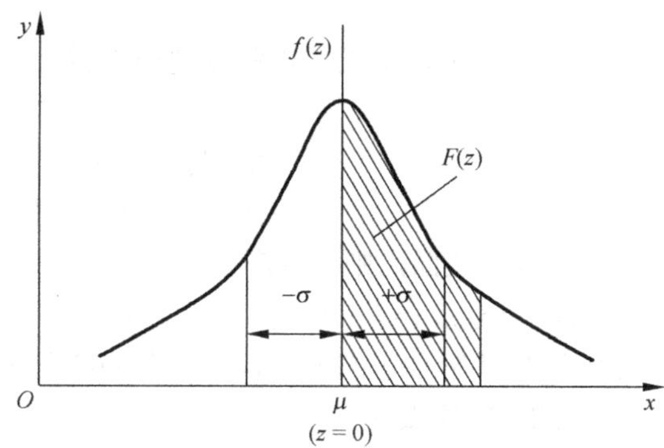

图 6-2　尺寸分布图

第二节　习　　题

一、判断题

1．机床传动链误差对外圆车削加工精度也有影响。　(　　)

2．加工表面的法向是误差敏感方向。　(　　)

3．零件的形状精度取决于机床的成形运动精度，与其他因素无关。　(　　)

4．根据工艺能力系数可以判断产生废品的原因。　(　　)

5．镗床镗孔加工的误差敏感方向在垂直方向。　(　　)

6．当一批工件加工后的尺寸分散范围小于公差带时，也不能说明该批工件全部合格。　(　　)

7．车床的误差敏感方向在垂直方向。　(　　)

8．机械加工精度包括尺寸精度、形状精度和位置精度。　(　　)

9．当连续加工一批工件时，其误差的大小和方向若保持不变，称为常值系统误差。（　）

10．普通车床主轴回转误差不会影响端面加工误差。（　）

11．工艺系统的加工原理误差属于一种静态的原始误差。（　）

12．误差复映现象是工艺系统受力变形引起的。（　）

13．车削细长轴时，容易出现腰鼓形的圆柱度误差。（　）

14．镗孔时，镗杆的径向跳动仍然能镗出工件的圆孔。（　）

15．机床的传动链误差不会影响滚齿加工精度。（　）

16．工件受力变形产生的加工误差是在工件加工以前就存在的。（　）

17．加工质量是指加工时所能获得的表面质量。（　）

18．加工硬化现象对提高零件使用性能和降低表面粗糙度都有利。（　）

19．只要工序能力系数大于1，就可以保证不出废品。（　）

20．工件加工时单面受热变形产生的加工误差要比均匀受热产生的加工误差更小。（　）

二、选择题

1．在车床上用两顶尖装夹车削光轴，加工后检验发现鼓形误差(中间大、两头小)，其最可能的原因是(　　)。

[A] 车床主轴刚度不足　[B] 两顶尖刚度不足
[C] 刀架刚度不足　[D] 工件刚度不足

2．若车床两导轨面在垂直面内有扭曲，则外圆产生(　　)。

[A] 圆度误差　[B] 圆柱度误差　[C] 尺寸误差　[D] 其他误差

3．调整法加工一批工件后的尺寸符合正态分布，且分散中心与分差带中心重合，但发现有相当数量的工件超差，产生的原因主要是(　　)。

[A] 常值系统误差　[B] 随机误差　[C] 刀具磨损太大　[D] 调整误差大

4．某轴毛坯有锥度，则粗车后此轴会产生(　　)。

[A] 圆度误差　[B] 尺寸误差　[C] 圆柱度误差　[D] 位置误差

5．通常根据 *X-R* 图上点的分布情况可以判断(　　)。

[A] 有无不合格品　[B] 工艺过程是否稳定
[C] 是否存在常值系统误差　[D] 是否存在变值系统误差

6．车床主轴的纯轴向窜动对(　　)的形状精度有影响。

[A] 车削内外圆　[B] 车削端平面　[C] 车内螺纹　[D] 切槽

7．造成车床主轴抬高或倾斜的主要原因是(　　)。

[A] 切削力　[B] 夹紧力
[C] 主轴箱和床身温度上升　[D] 刀具温度高

8．在大量生产零件时，为了提高机械加工效率，通常加工尺寸精度的获得方法为(　　)。

[A] 试切法　[B] 调整法
[C] 成形运动法　[D] 划线找正安装法

9．分布图法用于(　　)分析。

[A] 常值系统误差　[B] 变值系统误差

[C] 随机性误差 [D] 形状误差

10．工艺系统刚度等于机床、夹具、刀具及工件刚度( )。

[A] 之和 [B] 之积

[C] 倒数之和的倒数 [D] 倒数之积的倒数

11．镗床主轴采用滑动轴承，影响主轴回转精度的最主要因素是( )。

[A] 轴承孔的圆度误差 [B] 主轴轴径的圆度误差

[C] 轴径与轴承孔的间隙 [D] 切削力的大小

12．误差复映系数与工艺系统刚度( )。

[A] 成正比 [B] 成反比

[C] 呈指数函数关系 [D] 呈对数函数关系

13．在普通车床上用三爪卡盘夹工件外圆车内孔，车后发现内孔与外圆不同轴，其原因可能是( )。

[A] 车床主轴径向跳动 [B] 卡爪装夹面与主轴回转轴线不同轴

[C] 刀尖与主轴轴线不等高 [D] 车床纵向导轨与主轴回转轴线不平行

14. 在外圆磨床上用前后顶尖定位纵向磨削一光轴，加工后发现工件外圆出现锥度误差，其最可能的原因是( )。

[A] 工件主轴径向跳动 [B] 砂轮架导轨与工作台导轨不垂直

[C] 前后顶尖刚度不足 [D] 磨床纵向导轨与前后顶尖连线不平行

15．磨床采用死顶尖是为了( )。

[A] 提高工艺系统刚度

[B] 消除导轨不直度对加工精度的影响

[C] 消除顶尖孔不圆度对加工精度的影响

[D] 消除工件主轴运动误差对加工精度的影响

16．提高连接表面接触刚度的措施有( )。

[A] 减少外载荷 [B] 减小连接表面的粗糙度

[C] 施加预载荷 [D] 提高连接表面的硬度

17．( )不属于随机误差的因素。

[A] 定位误差 [B] 夹紧误差

[C] 毛坯的误差复映 [D] 量具误差

18．在精加工中，往往( )占主导地位。

[A] 形状误差 [B] 尺寸误差 [C] 位置误差 [D] 加工精度

三、填空题

1．车外圆时，导轨水平面内的直线度误差对零件加工精度的影响较垂直面内的直线度误差影响________得多，故称水平方向为车削加工的误差敏感方向。

2．机床制造误差属于________误差，一般工序能力系数 C_p 应不低于________。

3．测量误差属于________误差，对误差影响最大的方向称________方向。

4．工艺系统刚度与________和________有关，工艺系统刚度大，误差复映________。

5．工艺系统内部热源主要来自________热和________热。

6. 主轴回转误差可以分解为径向跳动、________和________三种基本形式。

7. 零件的加工精度包括________精度、________精度和________精度三方面内容。

8. 一批零件加工尺寸符合正态分布时，常值系统误差影响分布曲线的________，随机误差影响分布曲线的________。

9. 原理误差是一种采用了________和近似的刀具形状而引起的加工误差。

10. 加工一批零件时，如果是在机床一次调整中完成的，则机床的调整误差引起________误差；如果是经过若干次调整完成的，则调整误差就引起________误差。

四、名词解释

1. 加工精度——
2. 误差复映规律——
3. 误差敏感方向——
4. 工艺系统刚度——
5. 加工原理误差——
6. 常值系统误差——
7. 经济加工精度——

五、简答题

1. 简述机械加工中减少工艺系统热变形的措施。

2. 简述机械加工精度的定义，并说明获得机械加工精度的方法。

3. 影响零件机械加工精度的因素有哪些？在这些误差因素中，哪些属于随机性误差？哪些属于变值系统性误差？

4. 为什么卧式车床床身导轨在水平面内的直线度要求高于垂直面内的直线度要求？

5．如图 6-3 所示，在三台车床上分别加工三批工件的外圆表面，加工后经测量，三批工件分别产生了如图所示的形状误差，试分析产生形状误差的主要原因。

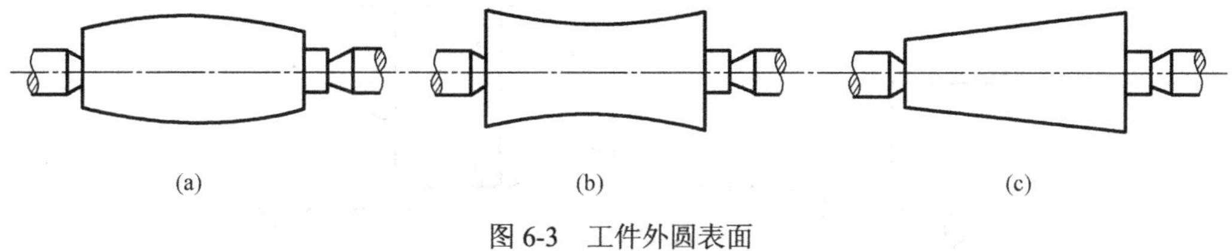

图 6-3　工件外圆表面

6．在卧式铣床上按图 6-4 所示装夹方式用铣刀 A 铣键槽，经测量发现，工件右端处的槽深大于中间的槽深，且都比未铣键槽前调整的深度浅。试分析产生这一现象的原因。

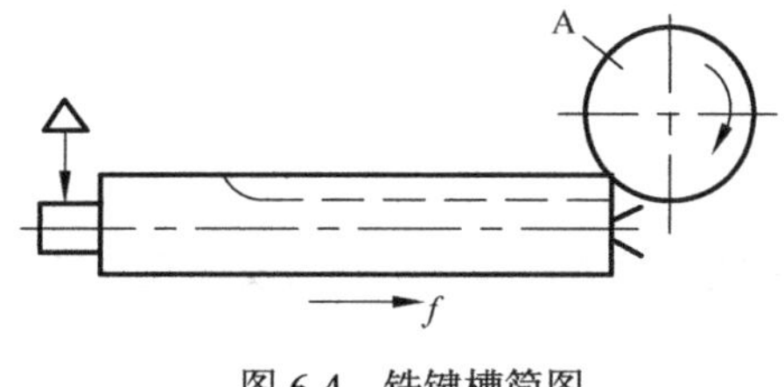

图 6-4　铣键槽简图

7．以在普通车床上用两顶尖装夹车削外圆为例论述工艺系统的刚度对工件的加工精度的影响。通常会影响工件的哪些精度？

8．什么是传动链误差？提高传动链传动精度的措施有哪些？

9．什么是工艺系统的刚度？误差产生的原因是什么？

10．在外圆磨床上磨削如图 6-5 所示轴类工件的外圆。若机床几何精度良好，试分析磨外圆后 *A*—*A* 截面的形状误差，要求画出 *A*—*A* 截面的形状，并提出减小上述误差的措施。

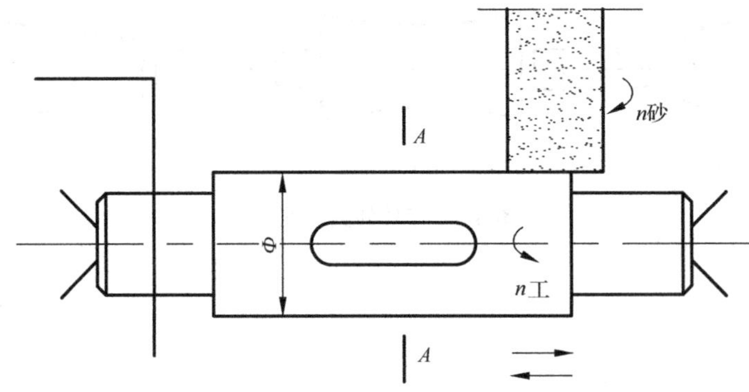

图 6-5　磨削轴类工件外圆

11．按图 6-6(a)所示的装夹方式在外圆磨床上磨削薄壁套筒 A，卸下工件后发现工件呈鞍形，如图 6-6(b)所示，试分析产生该形状误差的原因。

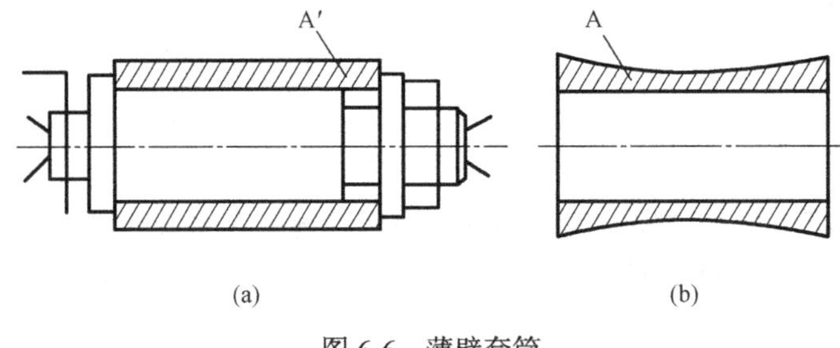

图 6-6　薄壁套筒

12．在镗床上镗孔时(刀具作旋转主运动，工件作进给运动)，试分析加工表面产生椭圆形误差的原因。

13．用调整法车削一批小轴的外圆，如果车刀的热变形影响显著，试画出这批工件尺寸误差分布曲线的形状，并简述其理由。

14．为什么提高工艺系统刚度首先要从提高薄弱环节的刚度入手？试举一实例说明。

15．何为误差复映？误差复映系数的大小与哪些因素有关？

六、计算题

1．在普通车床上半精镗一工件上的短孔，已知镗孔前的圆度误差为 0.5mm，床头箱刚度 $K_{\text{jt}} = 40000\text{N/mm}$，刀架刚度 $K_{\text{dt}} = 30000\text{N/mm}$，进给量 $f = 0.5\text{mm/r}$，$\lambda C_{F_z} = 1000\text{N/mm}$，$y_{F_z} = 0.75$，试计算需几次走刀可使加工后孔的圆度误差控制在 0.01mm 以内？若想一次走刀达到 0.01mm 的圆度误差，需选用多大的进给量？

2．用调整法车削一批直径为 $\Phi 50\text{mm}$ 的销轴,毛坯直径为 $\Phi 54^{+1.30}_{-0.08}\text{mm}$，工艺系统刚度 $K = 50000\text{N/mm}$，$\lambda C_F f^{0.75} = 2000\text{N/mm}$，试计算采用进给量 $f = 1\text{mm/r}$ 车一刀后，工件的直径误差是多少？

3．某小批量生产齿轮零件，其毛坯采用自由锻造，锻造后齿坯外圆直径尺寸为 $\Phi 100 \pm 1\text{mm}$，由于在滚齿时需要以齿坯外圆找正定位，所以在经过粗车、精车两次加工后要

求外圆尺寸为 $\Phi92_{-0.04}^{\ 0}$ mm，如果设车床工艺系统刚度为3000N/mm，粗车时进给量 $f=0.8$mm/r，进给量指数 $y_{F_z}=0.75$，切削力系数 $\lambda C_F=1000$N/mm。若只考虑误差复映效应，求精车时需采用多大的进给量才能保证外圆尺寸分散范围不超过0.03mm。

4. 在车床上车一短粗轴圆柱表面。已知：工艺系统刚度 $K_{系统}=20000$N/mm，毛坯待加工面相对顶尖孔中心偏心误差为2mm，毛坯最小背吃刀量 $a_{\mathrm{pmin}}=1$mm，$C_{F_\mathrm{p}} f^{yF_\mathrm{p}} v_\mathrm{c}^{nF_\mathrm{p}} K_{F_\mathrm{p}}=1500$N/mm。问第一次走刀后，加工表面相对顶尖孔中心的偏心误差是多大？至少需要几次切削才能使加工表面相对顶尖孔中心的偏心误差控制在0.01mm以内？

5. 在普通车床上半精镗一工件上的短孔，已知镗孔前工件的圆度误差为0.5mm，$K_\mathrm{c}=3000$N/mm，$K_\mathrm{h}=40000$N/mm。若选用进给量为 $f=0.5$mm/r，且 $\lambda C_F=1000$，$y_{F_z}=0.75$ 时，试计算需几次走刀可以使加工后孔的圆度误差控制在0.01mm以内。若想一次走刀达到上述圆度要求，应选用多大的进给量？

6. 一批圆柱小轴类零件的设计尺寸为 $\Phi80_{-0.03}^{-0.01}$ mm，加工后测量发现轴径尺寸服从正态分布，其均方根偏差为0.004mm，曲线顶峰位置偏离公差带中心向右0.002mm，试绘出分布曲线并求出合格率和废品率，如有废品能否修复？

$$\phi(z)=\frac{1}{\sqrt{2\pi}}\int_0^z \mathrm{e}^{-\frac{z^2}{2}}\mathrm{d}z$$

z	1.50	2.00	2.50	3.00
$\phi(z)$	0.4332	0.4772	0.4938	0.4986

7．加工 1000 个工件，工件的内孔的设计尺寸为$\Phi30_{0}^{+0.034}$mm，加工后测量发现内孔尺寸服从正态分布，其均方根偏差为 0.004mm，曲线顶峰位置与公差带中心重合。试绘出分布曲线，说明加工后该批工件是否能够保证全部合格？并计算该批工件尺寸在$\Phi30.021$～$\Phi30.025$mm 的件数。

$$\phi(z)=\frac{1}{\sqrt{2\pi}}\int_0^z e^{-\frac{z^2}{2}}dz$$

z	1.00	1.25	2.00	3.75	4
$\phi(z)$	0.3413	0.3944	0.4772	0.4998	0.5

8．一批圆柱小孔类零件轴径的设计尺寸为$\Phi35_{-0.1}^{\ 0}$mm，加工后测量发现孔径尺寸服从正态分布，其均方根偏差为 0.025mm，曲线顶峰位置偏离公差带中心向右 0.04mm，试绘出分布曲线并求出合格率和废品率，如有废品能否修复？可修复废品率为多少？分析产生废品的原因和减少废品率的措施。

$$\phi(z)=\frac{1}{\sqrt{2\pi}}\int_0^z e^{-\frac{z^2}{2}}dz$$

z	0.2	0.3	0.4	0.5	3.2	3.3	3.4	3.5	3.6
$\phi(z)$	0.0793	0.1179	0.1554	0.1915	0.4993	0.4995	0.4996	0.4997	0.4998

9．磨一批$d=\Phi20_{-0.043}^{-0.016}$mm 销轴，工件尺寸呈正态分布，工件的平均尺寸$\bar{x}=19.974$，均方根偏差$\sigma=0.005$。请分析该工序的加工质量。应如何加以改进？

10．在车床上精车一批直径为$\Phi 60$mm，长为1200mm的长轴外圆。已知：工件材料为45号钢；切削用量$v = 120\text{m/min}$，$a_{\text{p}} = 0.4\text{mm}$，$f = 0.2\text{mm/r}$；刀具材料为YT15。在刀具位置不重新调整的情况下加工50个工件后，试计算由刀具尺寸磨损引起的加工误差。

11．在两台相同的自动车床上加工一批小轴的外圆，要求保证直径$\Phi 11 \pm 0.02$mm，第一台加工1000件，其直径尺寸按正态分布，平均值$\bar{x}_1 = 11.005\text{mm}$，均方差$\sigma_1 = 0.004\text{mm}$。第二台加工500件，其直径尺寸也按正态分布，且$\bar{x}_2 = 11.015\text{mm}$，$\sigma_2 = 0.0025\text{mm}$。试求：

(1)哪台机床的精度高？

(2)加工中有无变值系统误差和常值系统误差，有无废品产生？如有，可否修复？分析其产生的原因并提出改进的方法。

第七章　机械加工表面质量的影响因素及控制

第一节　必备知识及要点

一、基本概念

1．表面粗糙度：用来表达这种微观几何形状特性的特征参量，表面粗糙度越小，零件表面越光滑。

2．加工硬化：机械加工过程中产生的塑性变形，使晶格扭曲、错位、畸变，晶粒间产生滑移，晶粒被拉长等，这些都会使表面层金属硬度增加，这种不经过热处理，而由于冷加工产生塑性变形造成的表面硬化现象。

3．残余应力：机械加工中，零件金属表面层发生形状变化或组织改变时，在表层与基体交界处的晶粒间或原始晶胞内就产生相互平衡的弹性应力。

4．回火烧伤：如果工件表面层温度未超过相变临界温度(一般中碳钢为 720℃)。但超过马氏体的转变温度(一般中碳钢为 300℃)，工件表面将产生回火组织(回火屈氏体和回火索氏体)，硬度比原来的回火马氏体低。

5．淬火烧伤：如果工件表面层温度超过相变临界温度，再加上充分的冷却液，则表面层急冷形成二次淬火马氏体，硬度高于回火马氏体，但极薄，只有几微米厚，在它下层由于冷却较慢出现了比回火马氏体硬度低的组织。

6．退火烧伤：如果工件表面温度超过了相变临界温度，又无冷却液，则表面硬度急剧下降，工件表层被退火。

7．强迫振动：外界周期性干扰力作用下所引起的不衰减振动。

8．自激振动：当系统受到外界偶然扰动而产生振动时，振动过程自身将产生维持振动的交变力，振动力停止，交变力即消失的振动。

二、基本知识

1．机械加工表面质量对使用性能的影响。

(1)对零件耐磨性的影响；

(2)对疲劳强度的影响；

(3)对零件耐腐蚀性能的影响；

(4)对零件配合性质的影响；

(5)对零件接触刚度的影响。

2．表面粗糙度的影响因素。

(1)积屑瘤的影响；

(2)鳞刺的影响；

(3)切削机理的变化；

(4) 切削颤振；

(5) 切削刃的损坏。

3．加工硬化控制措施。

(1) 选择较大的前角 γ_0、后角 α_0 及较小的刀口钝圆半径 r_n；

(2) 合理确定刀具磨钝标准；

(3) 提高刀具刃磨质量；

(4) 合理选择切削用量，尽量选择高的 v_c 和较小的 f；

(5) 使用性能良好的切削液，改善工件的切削加工性。

4．磨削烧伤。

(1) 磨削时，由于磨削表面层的温度很高，引起表面金相组织变化，并产生极大的表面残余应力和细微裂纹的现象。

(2) 主要有回火烧伤、淬火烧伤、退火烧伤。

(3) 防止或减轻方法：①选择粗粒度的砂轮；②同时提高工件速度 v_w 和砂轮速度 v_s；③合理选择磨削用量；④提供良好的冷却润滑条件。

5．强迫振动的特点。

(1) 强迫振动是在外界周期性干扰力的作用下产生的，但振动本身并不能引起干扰力的变化。作用在加工系统上的干扰力是简谐激振力，则强迫振动的稳态过程也是简谐振动，只要这个激振力存在，该振动就不会被阻尼衰减掉。

(2) 不管加工系统本身的固有频率多大，强迫振动的频率总与外界干扰力的频率相同或呈倍数关系。

(3) 强迫振动振幅在很大程度上取决于干扰力的频率 ω 与加工系统固有频率 ω_0 的比值 $\frac{\omega}{\omega_0}$，当 $\frac{\omega}{\omega_0}=1$ 时，振幅达最大值，此现象称“共振”。

(4) 强迫振动振幅的大小除了与 $\frac{\omega}{\omega_0}=1$ 有关，还与干扰力、系统刚度及阻尼系数有关。

6．自激振动的特点。

(1) 自激振动是一种不衰减振动；

(2) 自激振动的频率等于或接近系统的固有频率；

(3) 自激振动的形成和持续是由切削过程产生的，若切削停止，自激振动就停止了；

(4) 自激振动能否产生以及振幅大小，取决于每一振动周期内系统所获得能量与消耗能量的对比情况。

第二节　习　　题

一、判断题

1．强迫振动的频率与工艺系统固有频率相同。（　　）

2．自激振动的频率接近系统固有频率，即由系统本身参数所决定。（　　）

3．机械加工表面质量要求高，相应对机械加工精度要求更高。（　　）

4．铣削和拉削时，由于切削力稳定，故不会引起强迫振动。（　）
5．机械加工中，切削速度对自激振动的影响不大。（　）
6．零件的表面层金属发生冷硬现象后，其强度和硬度都有所增加。（　）
7．自激振动的“振型耦合”学说认为：切削过程中的颤振是两自由度的振动。（　）
8．零件表面粗糙度值越低，摩擦阻力减小，其耐磨性越好。（　）

二、选择题

(一)单项选择题

1．强迫振动的频率等于(　　)。
[A] 干扰力的频率　[B] 工艺系统的频率
[C] 干扰力的频率或其整数倍　[D] 工艺系统刚度薄弱环节的频率

2．切削加工时，对表面粗糙度影响最大的因素是(　　)。
[A] 刀具材料　[B] 进给量　[C] 切削深度　[D] 工件材料

3．磨削表层裂纹是由于表面层(　　)的结果。
[A] 残余应力作用　[B] 氧化　[C] 材料成分不匀　[D] 产生回火

4．机械加工时，工件表面产生波纹的原因是(　　)。
[A] 塑性变形　[B] 切削过程中的振动
[C] 残余应力　[D] 工件表面有裂纹

5．在切削加工中，对表面粗糙度没有影响的因素是(　　)。
[A] 刀具几何形状　[B] 切削用量
[C] 工件材料　[D] 检测方法

6．采用隔振措施可有效去除(　　)。
[A] 自由振动　[B] 强迫振动　[C] 颤振　[D] 自激振动

7．加工塑性材料时，(　　)切削容易产生积屑瘤和鳞刺。
[A] 低速　[B] 中速　[C] 高速　[D] 超高速

8．避免磨削烧伤、磨削裂纹的措施有(　　)。
[A] 选择较软的砂轮　[B] 选用较小的工件速度
[C] 选用较小的磨削深度　[D] 改善冷却条件

(二)多项选择题

1．消除或减弱铣削过程中强迫振动的方法有(　　)等。
[A] 提高工艺系统刚度　[B] 增大工艺系统阻尼
[C] 加大切削宽度　[D] 使用减振器

2．为了减小磨削表面粗糙度，磨削用量应取(　　)。
[A] 高的砂轮速度　[B] 高的工件速度
[C] 小的纵向进给量　[D] 小的磨削深度

3．零件加工表面粗糙度对零件的(　　)有重要影响。
[A] 耐磨性　[B] 耐蚀性
[C] 抗疲劳强度　[D] 配合质量

三、填空题

1．机械加工表面质量包括零件________表面层和________表面层。

2．自激振动的频率接近于或等于________频率。

3．磨削加工时，提高砂轮速度可使加工表面粗糙度值________，提高工件速度可使加工表面粗糙度值________，增大砂轮粒度号，可使加工表面粗糙度值________。

4．________和交变应力中的拉应力是影响疲劳强度的主要因素。

5．衡量已加工表面质量的指标有________、________和________。

四、名词解释

1．自激振动——

2．加工硬化——

3．残余应力——

4．理论粗糙度——

五、简答题

1．解释机械加工中的自激振动概念，简述再生自激振动原理。

2．简要说明切削加工中自激振动的特点，并说明它与强迫振动的区别。

3．简要说明切削加工中强迫振动的特点。

4．试分析减少和控制强迫振动的有效途径。

5．简述控制自激振动的方法。

6．什么是磨削烧伤？为什么磨削加工容易产生烧伤？影响磨削烧伤的因素有哪些？

7．什么是回火烧伤？什么是淬火烧伤？什么是退火烧伤？

8．机械加工表面质量如何影响零件的耐磨性？

9．影响切削加工表面粗糙度的因素有哪些？并且说明如何对其进行控制。

10．何为残余应力？产生表面残余应力的原因是什么？

11．为什么机器零件一般都是从表面层开始破坏？

12．加工后，零件表面层为什么会产生加工硬化和残余应力？

第八章　机器的装配

第一节　必备知识及要点

一、基本概念

1．装配尺寸链：由各相关装配尺寸(零件尺寸及装配精度要求)所组成的尺寸链。

2．互换装配法：零件按图纸公差加工，装配时不需经过任何选择、修配和调节，就能达到规定的装配精度和技术要求。

3．选择装配法：将尺寸链中组成环的公差放大到经济可行的程度，然后选择合适的零件进行装配，以保证规定的装配精度要求。

4．修配装配法：在装配时根据实际测量结果，改变尺寸链中某一预定组成环的尺寸或者就地配制这个组成环，使封闭环达到规定的精度。

5．调节装配法：对于精度要求较高的尺寸链，不能按互换装配法进行装配时，除了用修配法来对超差的部件进行修配，以保证装配技术要求，还可以用调节法对超差部件进行补偿来保证装配技术要求。

二、基本知识

1．机器的装配精度。

一般包括零部件间的位置精度和运动精度。

(1)位置精度：包括相关零部件的距离精度和相互位置精度。

(2)运动精度：指有相对运动的零部件在相对运动方向和相对运动速度方向的精度。

2．装配尺寸链建立的原则。

(1)装配尺寸链简化原则。

(2)装配尺寸链最短路线(环数最少)原则。

(3)装配尺寸链的方向性。

3．装配尺寸链的计算。

(1)极值解法及公式。

$$T_0 = \sum_{i=1}^{m} |\xi_i| T_i \tag{8-1}$$

式中，T_0 为封闭环公差；T_i 为第 i 个组成环的公差；ξ_i 为第 i 个组成环的传递系数；m 为组成环环数。

(2)概率解法及公式。

$$T_0 = k_{\text{av}} \sqrt{\sum_{i=1}^{m} T_i^2} \tag{8-2}$$

$$\Delta_0=\sum_{i=1}^{m}\xi_i\Delta_i \tag{8-3}$$

式中，k_{av} 为平均相对分布系数。

4. 保证装配精度的方法。

(1) 互换装配法。

①完全互换法：适用于大批量、装配精度高、组成环数少的情形。

②大数互换法：适用于大批量、装配精度高、组成环数多的情形。

(2) 选择装配法：适用于大批量、装配精度高、组成环数少的场合。

(3) 修配装配法：适用于小批量、装配精度高、组成环数多的场合。

(4) 调节装配法：适用于大批量、装配精度高、组成环数多的场合。

第二节　习　　题

一、判断题

1. 对于装配尺寸链，装配精度要求就是封闭环。（　　）
2. 如果机器的装配精度要求高，则相关零件的尺寸精度也应相应提高。（　　）
3. 装配尺寸链与工艺尺寸链的求解区别是必须采用概率法。（　　）
4. 在大批量生产类型的装配工作中，其组织形式的特点是固定装配。（　　）
5. 在一个装配尺寸链中，允许一个工件有两个尺寸作组成环。（　　）
6. 机床夹具大多数采用调节法或修配法进行装配。（　　）
7. 零件是机械产品装配过程中最小的装配单元。（　　）
8. 配合精度指配合间隙(或过盈)量大小，与配合接触面大小无关。（　　）
9. 采用固定调节法通过更换不同尺寸的调节件来达到装配精度。（　　）
10. 大批量生产中解决环数多的装配尺寸链应采用概率法计算。（　　）

二、选择题

1. 大批大量生产中，对于组成环数少、装配精度要求高的零件，常采取（　　）。
   [A] 完全互换法　[B] 分组装配法　[C] 调整法　[D] 大数互换法
2. 分组选择装配法适用于（　　）的场合。
   [A] 装配尺寸链组成环环数较多，装配精度要求不高
   [B] 装配尺寸链组成环环数较多，装配精度要求较高
   [C] 装配尺寸链组成环环数较少，装配精度要求不高
   [D] 装配尺寸链组成环环数较少，装配精度要求较高
3. 装配的组织形式主要取决于（　　）。
   [A] 产品质量　[B] 产品品质　[C] 产品成本　[D] 生产规模
4. 装配尺寸链组成的最短路线原则又称为（　　）原则。
   [A] 尺寸链封闭　[B] 大数互换
   [C] 一件一环　[D] 平均尺寸最小

5．修配法通常按(　　)确定零件公差。

[A] 经济加工精度　　[B] 零件加工可能达到的最高精度

[C] 封闭环　　[D] 组成环平均精度

三、填空题

1．当采用分组装配法时，配合件的公差应________。

2．计算装配尺寸链的公式可分为________和________。

3．不经修配与调整即能达到装配精度的方法称为________。

4．完全互换法适用于生产________，所有零件公差之和应________装配公差。

5．常用的装配方法有互换装配法、选择装配法、________和________。

6．机械零件的结构工艺性是指零件在毛坯制造、零件机械加工和________过程中的可行性与经济性。

四、名词解释

1．互换装配法——

2．装配尺寸链——

3．选择装配法——

4．修配法——

5．调整法——

6．位置精度——

7．运动精度——

8．配合质量——

9．接触质量——

10．固定调节法——

五、简答题

1．机器装配精度应包括哪些内容？装配精度与构成机器的零件精度的关系如何？

2．保证装配精度的方法有哪些？分别说明其特点及适用的场合。

3．什么是完全互换装配法？什么是统计互换装配法？试分析其异同，各适用于什么场合？

4．装配工艺的内容有哪些？

5．简述制定装配工艺规程的内容和步骤。

6．简述确定装配顺序的原则。

7．简述保证装配精度的选择装配法。并说明分组装配的基本原理和使用该装配方法所适用的场合。

8．试述修配法及其适用场合。当修配环被修配，封闭环变大时，如何确定修配环尺寸(说明并写出关系式)？

9．简要说明修配环的选择原则。

10．计算装配尺寸链时，要根据各组成环基本尺寸的大小和加工时的难易程度，对各组成环的公差进行适当的调整，简述其调整时应遵循的原则。

11．影响装配精度的因素有哪些？

六、计算题

1．如图 8-1 所示为减速器中某轴的结构。其中各尺寸分别为：A_1=40mm、A_2=36mm、A_3=4mm；要求装配后齿轮端部间隙 A_0 保持在 0.10～0.25mm，若选用完全互换法装配，试确定 A_1、A_2、A_3 的极限偏差。

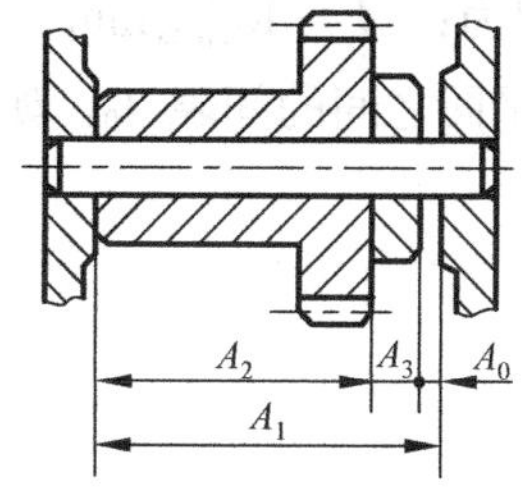

图 8-1　减速器装配结构图

2．由于轴孔配合，若轴径尺寸为 $\Phi80_{-0.10}^{\ 0}$mm，孔径尺寸为 $\Phi80_{\ 0}^{+0.20}$mm，设轴径与孔径的尺寸均按正态分布，且尺寸分布中心与公差带中心重合，试用完全互换法和统计互换法分别计算轴孔配合间隙尺寸及其极限偏差。

3．图 8-2 所示减速器某轴结构尺寸分别为：$A_1=40$mm，$A_2=36$mm，A_3=4mm，装配后此轮端部间隙 A_0 保持在 0.1～0.25mm。若选用完全互换法，试确定 A_1、A_2、A_3 的公差等级和极限偏差。有关数据见表 8-1。

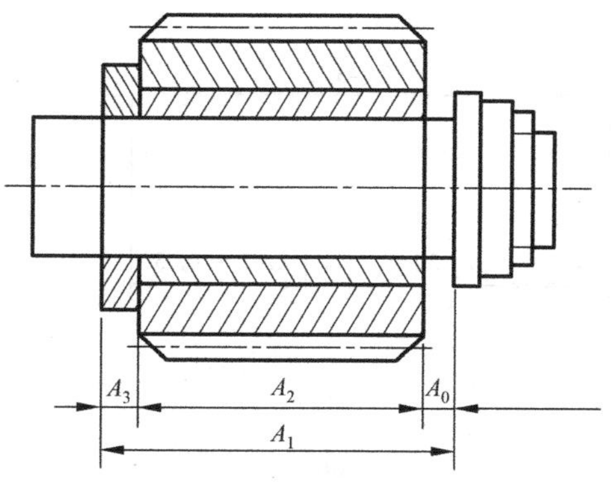

图 8-2　减速器某轴结构尺寸

表 8-1　公差等级　　（单位：μm）

基本尺寸/mm	公差等级			
	IT7	IT8	IT9	IT10
>3～6	12	18	30	48
>30～50	25	39	62	100

4．图 8-3 所示车床溜板与床身装配前有关组成零件的尺寸分别为：$A_1=46_{-0.04}^{\ 0}$mm，$A_2=30_{\ 0}^{+0.03}$mm，$A_3=16_{+0.03}^{+0.06}$mm。试计算装配后，溜板压板与床身下平面之间的间隙 A_0。如要求间隙为 0.02～0.04mm，应采用什么办法？

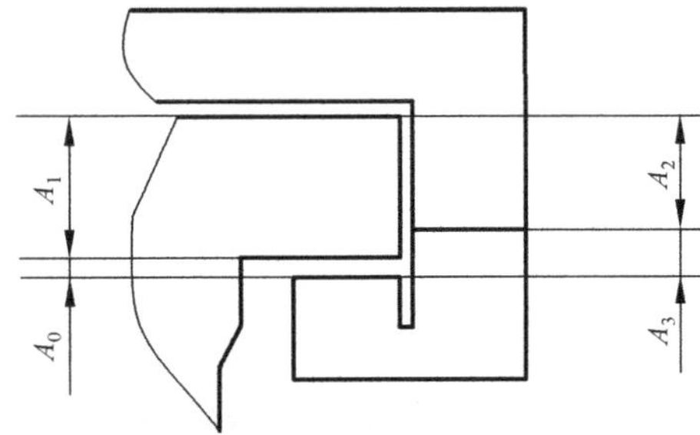

图 8-3　车床溜板与床身装配尺寸

5．如图 8-4 所示装配关系，轴是固定的，齿轮在轴上回转，要求保证齿轮与挡圈之间的轴向间隙为 0.10～0.35mm。已知：L_1=30mm、L_2=5mm、L_3=43mm、$L_4=3_{-0.05}^{\ 0}$mm（标准件）、L_5=5mm，现采用完全互换法装配，试确定各组成环公差和极限偏差。

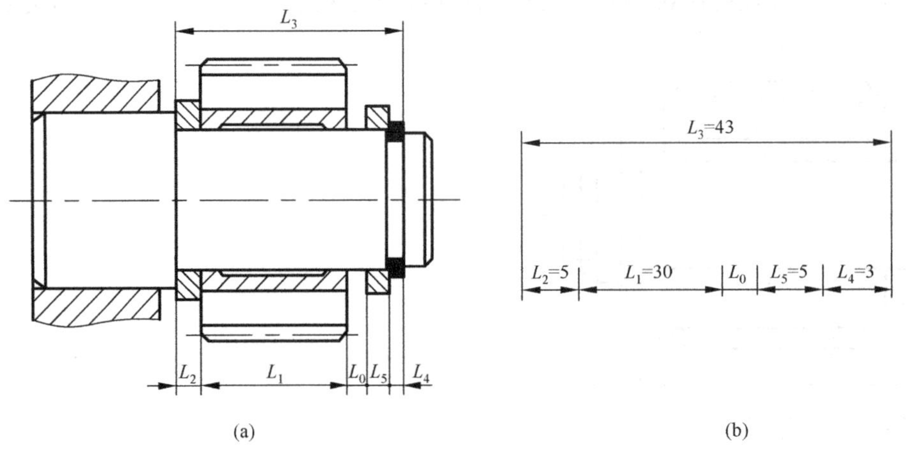

图 8-4　齿轮与轴的装配关系

6．如图 8-4 所示装配关系，轴是固定的，齿轮在轴上回转，要求保证齿轮与挡圈之间的轴向间隙为 0.10～0.35mm。已知：L_1=30mm、L_2=5mm、L_3=43mm、$L_4=3_{-0.05}^{\ 0}$mm（标准件）、L_5=5mm，现采用大数互换法装配（概率法），试确定各组成环公差和极限偏差。

7．以图 8-5 所示普通车床装配为例加以说明。在装配时，要求尾架中心线比主轴中心线高 0.03～0.06mm。已知：A_1=160mm，A_2=30mm，A_3=130mm，现采用修配法装配时，试确定各组成环公差及其分布。

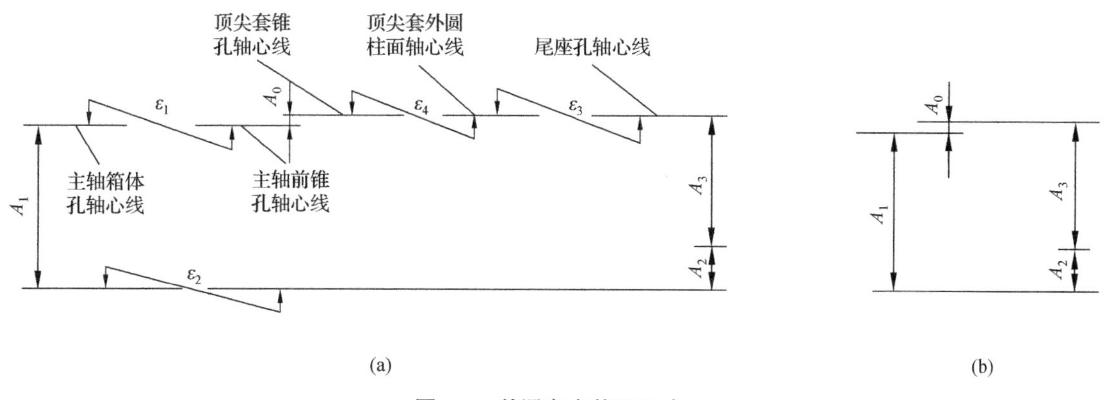

图 8-5　普通车床装配尺寸

8. 键与键槽的装配关系如图 8-6 所示。已知：A_1=20mm，A_2=20mm，要求配合间隙 0.08～0.15mm。试求解：

(1) 当大批大量生产时，采用互换法装配时，各零件的尺寸及其偏差。(按等公差原则分配相关尺寸公差、选键做协调环，采用极值法解尺寸链。)

(2)当小批量生产时，$A_2 = 20^{+0.13}_{0}\text{mm}$，$T_1 = 0.05\text{mm}$。采用修配法装配，取键做修配环和在最小修配量为零时，修配件的尺寸和偏差及最大修配量。

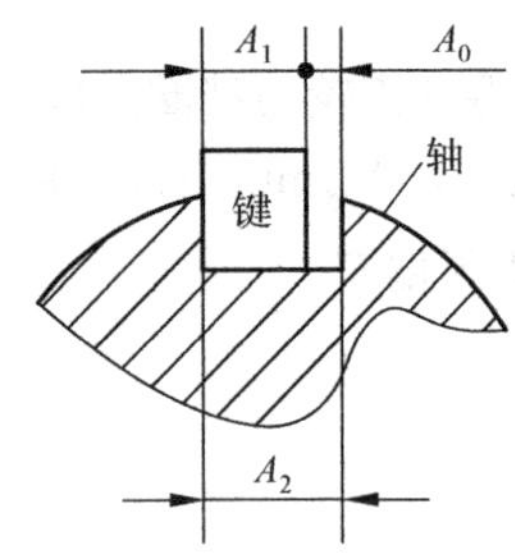

图 8-6　键与键槽的装配关系

试 题 一

一、填空题

1．由________转变为________直接相关的过程称为工艺过程。

2．在机械加工中由________、________、________和________所组成的统一体称为工艺系统。

3．车刀基本角度有________、________、________、________和________。

4．在机床上，发生线是由刀具的切削刃与工件间的相对运动得到的。由于使用的刀具切削刃形状和采取的加工方法不同，形成发生线的方法有 4 种：________、________、________、________。

5．专用机床夹具一般由以下几部分组成：________、________、________、________、________。

6．尺寸链的计算方法有________和________。

7．装配尺寸链按各组成环的几何特征和所处空间位置不同可以分为：________、________、________、________。

8．零件成形方法可分为________、________、________三类。

9．机床的主要技术参数包括________、________、________三类。

二、简答题

1．机械加工过程中选择粗基准时应遵循什么原则？

2．刀具材料应该具备哪些基本性能？常用的金属切削刀具材料有哪几种？

3．机床夹具一般由哪几部分组成？机床夹具的主要作用有哪些？

4．机械加工过程中自激振动有哪些特点？

5．产品装配包括哪些装配精度？保证装配精度的方法有哪些？

三、分析题

1．判断试题图 1-1 中零件的结构工艺性，若需改进请画示意图说明。

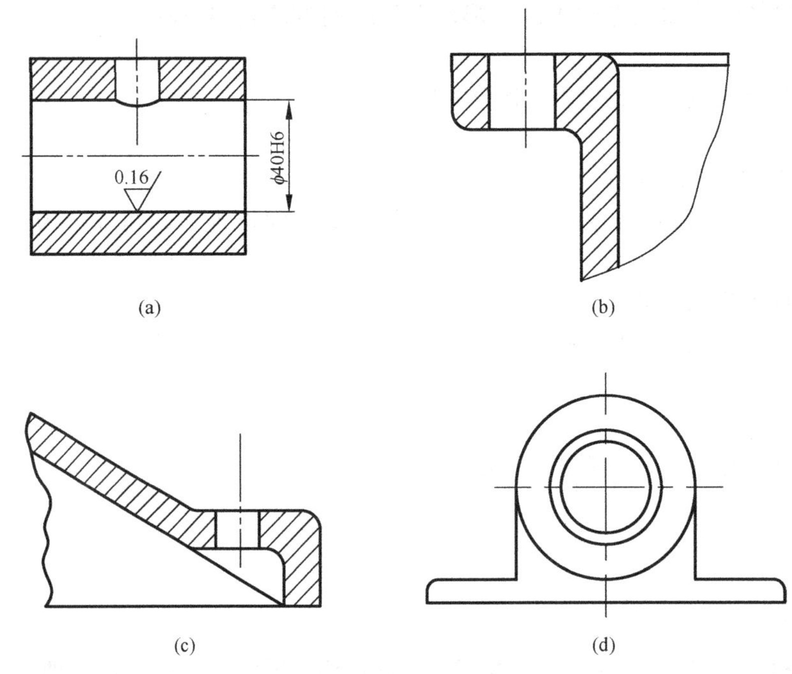

试题图 1-1　零件结构图

2．指出试题图 1-2 中的定位元件限制了哪几个自由度。

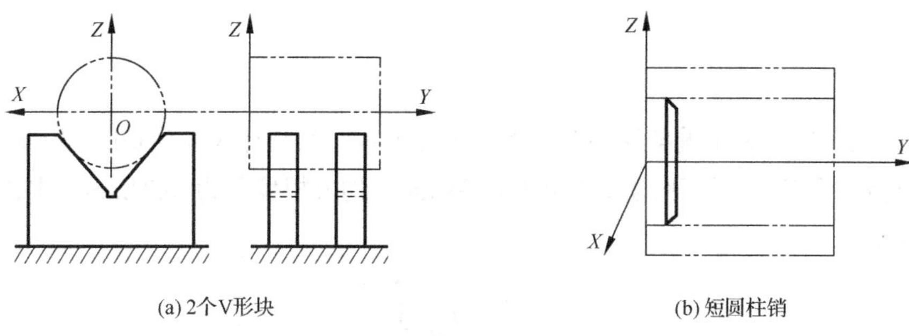

(a) 2个V形块　　(b) 短圆柱销

试题图 1-2　定位元件图

四、计算题

1．如试题图 1-3 所示为某套筒形零件，其中总长和孔深尺寸已加工完毕，现欲在铣床上铣削 A 面，其工序尺寸如图。批量生产时以 B 面为定位基准采用调整法加工，试求调整尺寸及其偏差。

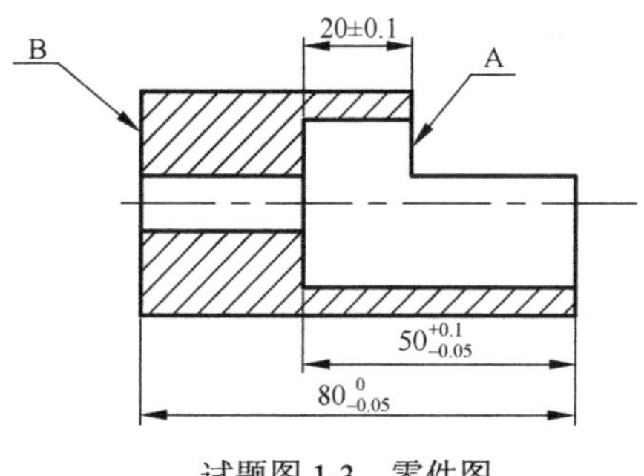

试题图 1-3　零件图

2．如试题图 1-4 所示的圆柱形工件，现欲在其上铣削平面 A 和 B，其位置尺寸如图所示。试计算该定位方案的定位误差，是否满足要求？

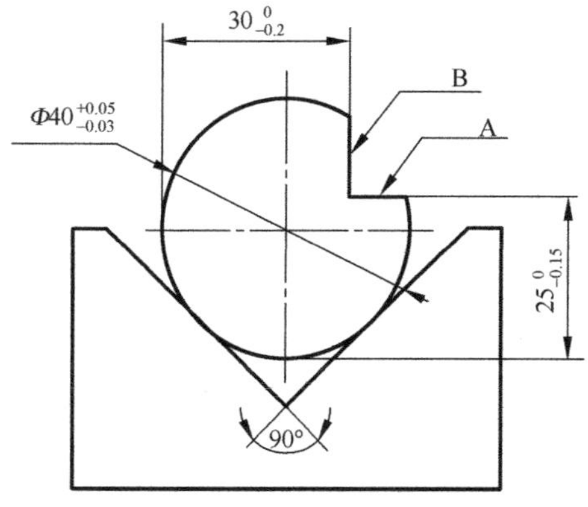

试题图 1-4　工件尺寸图

3．在六角车床上采用调整法精车一批销轴的外径，其设计尺寸为$\Phi 18_{-0.08}^{+0.02}$mm，用抽样检验并计算得到全部工件的平均尺寸为Φ 17.98mm，均方根偏差为 0.04mm，求该尺寸分散范围与废品率。

$$\phi(z)=\frac{1}{\sqrt{2\pi}}\int_0^z e^{-\frac{z^2}{2}}dz$$

z	1	1.3	1.5	2	2.5	3
$\phi(z)$	0.3413	0.4032	0.4332	0.4772	0.4938	0.4986

4．某工厂在无心磨床上采用贯穿法磨削丝杠的外径为$\Phi 36.2_{-0.12}^{\ 0}$mm，要求磨后工件外径$\Phi 36.2_{-0.08}^{\ 0}$mm，如果现行工艺条件下，其参数$\lambda C_{F_z} f^{y_{Fz}}=1000$ N/mm，试求工艺系统刚度至少应为多大才能保证一次磨削后外径尺寸分散范围符合要求？

试 题 二

一、判断题

1．工艺设备是完成工艺过程的主要生产装置，如各种机床等。工艺装备是产品制造过程中所用的各种工具的总称，包括刀具、夹具等。（ ）

2．在机械加工中由机床、刀具和夹具组成的统一体就是工艺系统。（ ）

3．机床的进给运动是使工件材料切削层转变为切屑的运动。（ ）

4．滚齿机加工获得齿形的方法是展成法，不是成形法。（ ）

5．刀具的前角是在切削平面内测量的。（ ）

6．在加工表面、加工工具、进给量和切削速度不变的情况下，所连续完成的那一部分工序内容称为工步。（ ）

7．工件定位必须保证完全限制工件的六个自由度。（ ）

8．减少传动链中的元件数目是提高机床传动精度的有效措施之一。（ ）

9．机械加工中强迫振动的特点是振动频率等于加工系统本身的固有频率。（ ）

10．分组选配法要求装配尺寸链的环数少。（ ）

二、名词解释

1．工序——

2．重复定位——

3．加工硬化——

4．工艺系统刚度——

5．互换装配法——

三、简答题

1．机械加工工艺规程制定时，在工艺路线确定中，选择精基准的原则有哪些？确定加工顺序的原则是什么？

2．什么是工艺系统原始误差？影响机械加工误差的主要因素有哪些？

3．普通卧式车床主要包括哪些运动？试列出卧式车床所能加工的典型表面(5 种以上)。

4．保证装配精度的方法有哪些？其中修配法适用于什么场合？

四、分析题

1．将试题图 2-1 中所示的下列角度和表面对应的符号写在括号里。

主偏角（　　）

副偏角（　　）

刀尖角（　　）

基面　（　　）

主剖面（　　）

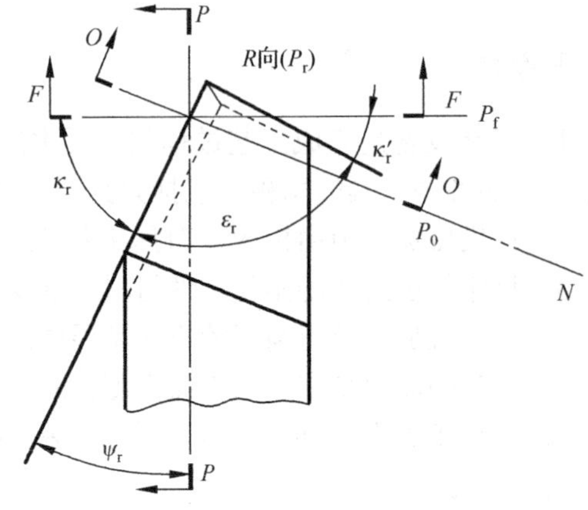

试题图 2-1　刀具角度图

2．分别指出试题图 2-2 中的定位元件限制了工件的哪几个自由度。

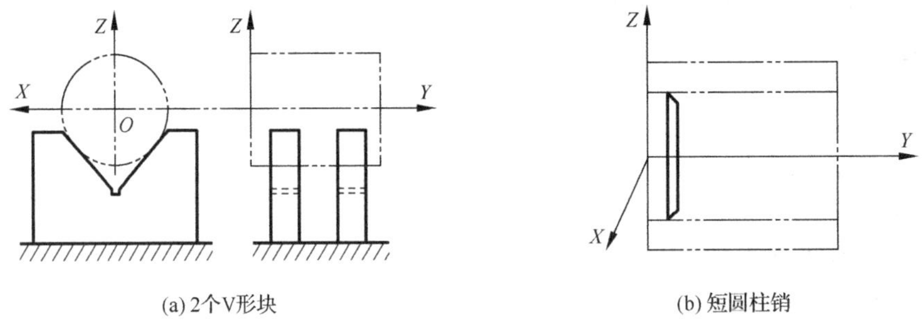

(a) 2个V形块　　(b) 短圆柱销

试题图 2-2　定位图

五、计算题

1．车一批轴的外圆，其图纸规定的尺寸为 $\Phi 20_{-0.1}^{\ 0}$mm，根据测量结果，此加工尺寸服从正态分布，σ=0.02mm，曲线的顶峰位置和公差带的中点相差 0.02mm，偏于右端，试求其合格率和废品率。

$$\phi(z)=\frac{1}{\sqrt{2\pi}}\int_0^z e^{-\frac{z^2}{2}}dz$$

z	1	1.5	2	2.5	3	3.5
$\phi(z)$	0.3413	0.4332	0.4772	4938	0.4986	0.4998

2．如试题图 2-3 所示，套筒类工件以间隙配合心轴定位铣键槽时，图中给出了两种标注键槽深度工序尺寸 H_1、H_2，当心轴水平放置，心轴与内孔固定边接触时，分别计算 H_1、H_2 的定位误差。

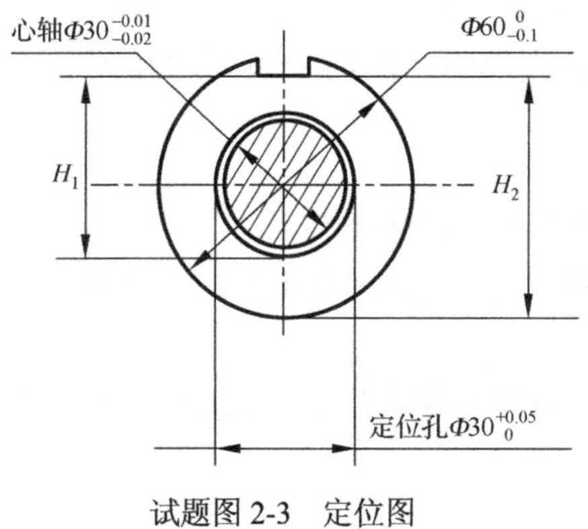

试题图 2-3　定位图

3．用调整法车削一批直径为 Φ50 mm 的轴，毛坯直径为 $\Phi54_{-0.08}^{+1.30}$ mm，工艺系统刚度 K=50000N/mm，$\lambda C_{F_z} f^{y_{F_z}}$ =2000N/mm，试计算粗车一刀后，工件的直径误差是多少？若再车一刀，工件的直径误差将是多少？

4．如试题图 2-4 所示的零件，各端面均已加工完成，当用调整法铣槽 20±0.5mm，槽宽由定尺寸刀具保证，试确定以大端面轴向定位时铣槽的工序尺寸 L 及其上、下偏差。

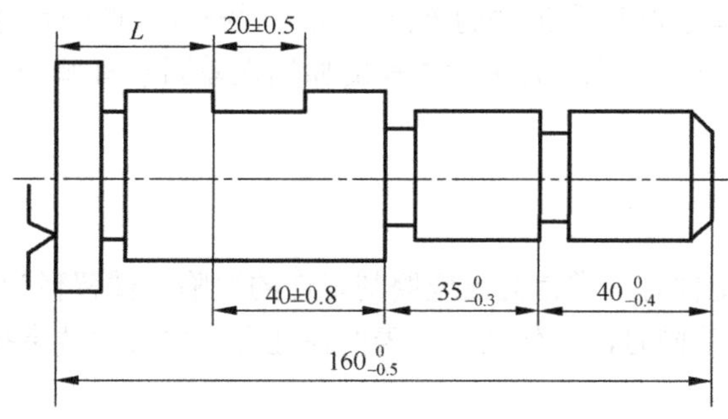

试题图 2-4　零件加工相关尺寸

试 题 三

一、填空题

1．机械零件的成形方法有________、________和受迫成形。

2．机械产品的生产过程是指产品由________转化为最终产品的一系列相互关联的________的总和。

3．卧式铣床的第一主参数是________。

4．机床上同时进行的________和进给运动的向量和称为合成切削运动。

5．工步是指在被加工表面，________、________和________都保持不变的情况下所完成的工序内容。

6．机械零件的结构工艺性是指零件在毛坯制造、零件机械加工和________过程中的可行性和经济性。

二、判断题

1．工序是指一个工人在一个工作地点对工件完成的那部分工艺过程。（　）

2．零件的尺寸精度是指零件加工后的实际尺寸与理想尺寸之间的差值。（　）

3．普通车床的误差敏感方向在水平方向。（　）

4．工艺尺寸链可以没有减环。（　）

5．完全互换装配法适用于各种生产类型。（　）

6．加工原理误差是指采用近似的加工方式而产生的误差。（　）

7．工艺能力系数的大小代表了一台机床加工精度的高低。（　）

8．只要刀具不切削工件，机床就不会产生自激振动。（　）

9．可调支承不限制工件的自由度。（　）

10．在机械加工中由机床、刀具、夹具所组成的统一体称为工艺系统。（　）

三、简答题

1．在普通车床上车削圆柱形工件的外圆，加工后测量工件的尺寸，发现其右端直径较大，左端直径较小。请分析造成这种形状误差的原始误差因素有哪些？

2．在磨削淬火钢工件时，常常会出现磨削烧伤的缺陷，试解释为什么会产生磨削烧伤。并解释在产生磨削烧伤的同时，为什么工件表面往往会产生表面残余拉应力。

3．具备什么性能的材料才能作为金属切削刀具？

4．什么是机械加工精度？什么是装配精度？装配精度和相应的零件的加工精度有何关系？

5．粗基准选择的原则是什么？在拟定机械零件机械加工顺序时，通常将加工过程划分为哪几个加工阶段？

6．什么是六点定位原理？常见平面定位元件有哪些？

四、计算题

1．某轴类零件安装齿轮的轴颈部分的零件剖面图尺寸如试题图 3-1 所示。该轴颈部分的工艺过程如下：(1)粗车外圆至$\Phi 52$mm；(2)精车外圆至$\Phi 50.2_{-0.1}^{0}$mm；(3)铣键槽至深度H；(4)表面淬火 HRC45；(5)磨外圆至$\Phi 50_{+0.01}^{+0.03}$mm。

磨外圆时直接保证图样规定的直径尺寸。试计算铣键槽时H的公称尺寸及其上、下偏差(双点画线表示精车后直径)。

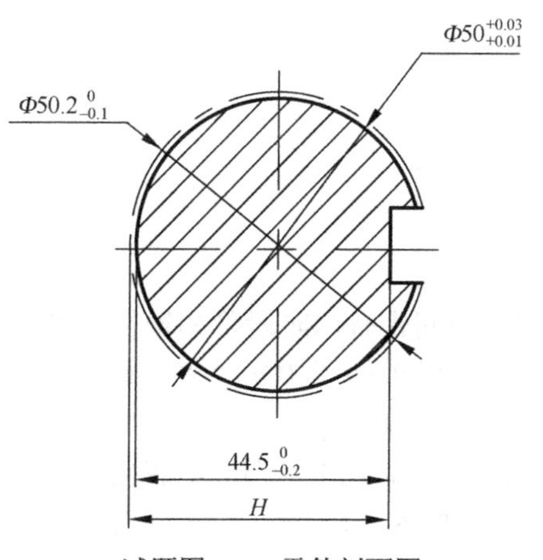

试题图 3-1 零件剖面图

2．在磨床上采用调整法磨削某销轴零件的外径，设计尺寸为$\Phi35_{-0.04}^{-0.01}$mm。已知其尺寸服从正态分布，且其σ=0.005mm，经抽样检验发现该尺寸的可修复废品率为2.28%。试求该批工件的合格率。

$$\phi(z)=\frac{1}{\sqrt{2\pi}}\int_0^z e^{-\frac{z^2}{2}}dz$$

z	1	1.5	2	2.5	3	4.0
$\phi(z)$	0.3413	0.4332	0.4772	0.4938	0.4986	0.4999

3．在轴颈上用V形块定位铣键槽如试题图3-2所示，键槽的深度尺寸为$45_{-0.2}^{0}$mm，若轴颈直径尺寸为$\Phi50_{-0.01}^{0}$mm。则采用该方案定位时定位误差能否满足工序尺寸的要求？

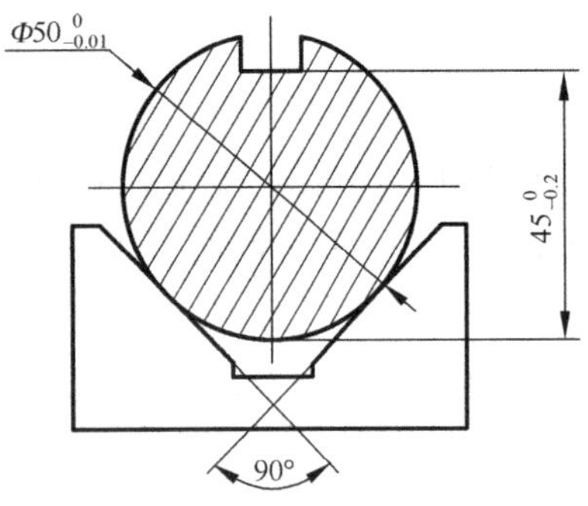

试题图3-2　定位图

4．为了测量普通车床的刚度，采用两顶尖支撑车削一中间带有两阶段阶梯轴径的轴。阶梯直径分别是Φ100mm和Φ96mm。按Φ94mm调整车刀，采用$f=0.2$mm/r对该轴车削一次后测得两段直径分别为Φ94.12mm和Φ94.04mm。如果用该车床精车一圆度误差为0.5mm的短轴径且忽略轴向的刚度变化，试问当进给量$f=0.1$mm/r时，需几次走刀才能将圆度误差控制在0.01mm以内。（$\lambda C_{F_z}=1000$N/mm，进给量指数$y_{F_z}=0.75$。）

参考答案

第一章　机械制造系统和机械制造单元

一、判断题

1．√；2．√；3．×；4．×；5．×；6．√

二、填空题

1．原材料、产品；
2．工件、机床、夹具、刀具；
3．专用工艺装备、通用工艺装备、标准工艺装备；
4．去除成形、堆积成形、受迫成形。

三、名词解释

1．由完成机械制造所涉及的硬件、软件和人员组成的，通过制造过程将制造资源转变为产品的有机整体。包括物料流、信息流和能量流。

2．由原材料转化为最终产品的一系列相互关联的劳动过程的总和。

3．单级机械制造系统是最小的机械制造系统，是多级系统的基本组成单元。包括工艺设备、工艺装备和制造过程。

4．在工艺过程中，以机械加工方法按一定加工顺序逐步改变毛坯形状、尺寸、表面层性质，直至成为合格零件的过程。

四、简答题

1．答：零件成形的方法包括以下几类。

(1) 去除成形：应用分离的方法，去除裕量材料并产生切屑，材料利用率低。通常为最后成形，可达到的精度最高，但难以制造形状复杂的零件。

(2) 堆积成形：应用合并与连接的办法，将材料(气、液、固)有序地堆积合并起来而成形的方法。该方法也可达到高的精度，其中快速成形方法可以制造的零件形状复杂程度最高。

(3) 受迫成形：应用材料的可成形性(塑形、流动性等)，在特定的外围约束(边界约束或外力约束)下成形的方法。该方法一般精度较低，但其中精密铸造、精密锻造、注塑加工等成形精度较高，铸造也可获得形状复杂的零件。

2．答：柔性制造系统的特点：(1) 设备利用率高，可采用计算机进行生产调度；(2) 零件可以在加工中心上加工，可以减少生产周期；(3) 具有维持生产的能力；(4) 快速响应市场的需求；(5) 产品质量高，可以保证产品质量一致性；(6) 生产成本低，特别是大批量生产。

适用范围：多品种、中小批量的生产和快速响应市场。

3．答：工艺过程主要包括：毛坯制造、零件加工、热处理、质量检验和机器装配等。

4. 答：工艺设备是完成工艺过程的主要生产装置，如各种机床、加热炉、电镀槽等。机械加工工艺设备主要是金属切削机床。工艺装备是产品制造过程中所用的各种工具的总称，包括刀具、夹具、模具、辅具、量具、检具和钳工工具等。机械加工工艺装备主要包括刀具、夹具、辅具、量具和检具。

5. 答：特种加工与机械加工显著的不同点：所利用的能源不同；切削力小或无切削力；工件材料硬度可以高于刀具材料硬度等。

6. 答：常见的利用机械能的特种加工方法：磨料喷射加工；水射流加工；混磨料水射流加工；磨料流加工；超声波加工。

7. 答：常见的利用热能的特种加工方法：电火花加工；激光束加工；电子束加工；等离子束加工。

8. 答：常见的利用复合能的特种加工方法：加热切削；低温切削；电解磨削。

第二章　金属切削机床

一、判断题

1. ×；2. √；3. ×；4. √；5. √；6. ×；7. ×；8. ×；9. √；10. √；11. ×

二、选择题

(一) 单项选择题

1. D；2. D；3. A；4. A；5. B

(二) 多项选择题

1. ADF；2. BCE；3. ADF；4. BD；5. CF

三、填空题

1. 尺寸参数、运动参数、动力参数；
2. 轨迹法、成形法、相切法、展成法；
3. 主运动、进给运动；
4. 刀具、工件；
5. 表面成形；
6. 母线、导线；
7. 闭环、开环、全闭环、半闭环；
8. 工作台宽度。

四、简答题

1. 答：主运动为砂轮的旋转运动；进给运动有工件的旋转运动(圆周进给)、工件的纵向往复运动和砂轮横向间歇进给运动。

2. 答：机床分为 12 大类：车床、钻床、镗床、铣床、刨床、拉床、磨床、齿轮加工机床、螺纹加工机床、切断机床、超声波及电加工机床、其他机床。

主要组成及功能如下。

(1)主轴箱：支撑主轴并把动力经主轴箱内的变速传动机构传给主轴，使主轴带动工件按规定的转速旋转，以实现主运动，包括实现车床的启动、停止、变速和换向等。

(2)刀架：装夹车刀，实现纵向、横向或斜向运动。

(3)尾座：用后顶尖支撑长工件，也可以安装钻头、中心钻等刀具进行孔类表面加工。

(4)进给箱：装有进给运动的换置机构。

(5)溜板箱：与刀架连接在一起做纵向运动，使刀架实现纵向、横向进给或快速移动或车削螺纹。

(6)床身：用于安装车床的各个主要部件，使它们在工作时保持准确的相对位置或运动轨迹。

3．答：外联系传动链：联系动源和执行件，使执行件达到预定速度的运动，并传递一定动力的传动链。特点：包括变速机构和换向机构；其变化只影响生产率或表面粗糙度，不影响发生线的性质；不要求有严格的传动比关系。

内联系传动链：联系复合成形之间的各个运动分量的传动链。特点：有严格的传动比要求；其中不能使用摩擦传动或瞬时传动比有变化的传动件。

4．答：(1)程序编制：根据加工图纸及全部所需的加工信息，编制数控装置能够接受的程序。

(2)数控装置：数控机床的运算和控制系统，它阅读输入程序中的数据指令，进行运算，然后将程序控制和功能控制的指令经过伺服机构传给执行部件。

(3)伺服机构：即数控机床的进给驱动系统，它把来自数控装置的脉冲信号转化为机床相应部件的机械运动，使机床按照规定的速度和位移量有序地工作，自动加工出所需的零件。

(4)机床：其基本组成与一般普通机床一样，由主运动系统、进给运动系统和支承件等几个主要部件组成。

5．答：柔性高，生产准备时间较短；机床利用率高；生产效率高；加工精度高。适用于中小批量零件的自动加工；复杂形面的加工；加工质量稳定的场合。

6．答：主运动：使零件与刀具之间产生相对运动以进行切削的最基本运动。主运动的速度最高，所消耗的功率最大。在切削运动中，主运动只有一个。它可由零件完成，也可以由刀具完成，可以是旋转运动，也可以是直线运动。

进给运动：不断地把被切削层投入切削，以逐渐切削出整个零件表面的运动。进给运动一般速度较低，消耗的功率较少，可由一个或多个运动组成。它可以是连续的，也可以是间歇的。

7．答：C 类代号(车床)；A 结构特性代号(结构不同)；6 组别代号(落地及卧式车床组)；1 系别代号(卧式车床系)；40 主参数(最大车削直径 400mm)。

8．答：加工中心是具有刀库、能自动更换刀具、对一次装夹的工件进行多工序加工的数控机床，或称自动换刀数控机床。加工中心可以有效地避免由于多次安装造成的定位误差，减少了机床的台数和占地面积，大大提高了生产率和加工自动化程度。

第三章　金属切削与磨削加工

一、判断题

1．√；2．×；3．×；4．×；5．×；6．×；7．×；8．×；9．×；10．×；11．√；12．√；13．√；14．√；15．√；16．×；17．×；18．√；19．√；20．×；21．×；22．×

二、选择题

1. B；2. D；3. B；4. C；5. A；6. A；7. C；8. A；9. B；10. C；11. B；12. A；13. D；14. A；15. A

三、填空题

1. 主剖；
2. 大；
3. 切削速度、进给量、背吃刀量；
4. 增加、增加；
5. 硬质合金、YT5；
6. 减少、减少；
7. 切削、夹持；
8. 增加、减少；
9. 高速钢；
10. 正常磨损、破损；
11. 高速钢、硬质合金；
12. 切削速度、进给量、背吃刀量；
13. 切削速度、进给量、背吃刀量；
14. 增大前角、提高切削速度；
15. 带状切屑、挤裂(节状)切屑、崩碎切屑；
16. 减少、减少；
17. 滑擦、耕犁、切削。

四、名词解释

1. 在主剖面内度量的基面与前刀面之间的夹角。
2. 刃磨后的刀具自开始切削直到磨损量达到磨钝标准的时间。
3. 工件上已加工表面与待加工表面间的垂直距离。
4. 在基面内度量的切削平面与进给平面间的夹角，也是主切削刃在基面上的投影与进给方向的夹角。
5. 在大的挤压力作用下，会使切屑底层金属与前刀面的外摩擦超过分子间结合力，一些金属材料冷焊粘附在前刀面切刃附近，逐渐形成硬度很高的瘤状楔块。
6. 指刀具在两次刃磨间的切削总时间。
7. 指前刀面与切屑接触区内的平均温度，它由切削热的产生与传出的平衡条件所决定。

五、简答题

1. 答：刀具材料应具备的基本性能：①高于工件材料的硬度；②足够的强度和韧性；③良好的抗磨损能力；④一定的耐热性，并有良好的抗扩散、抗氧化的能力；⑤尽量大的导热系数和小的线膨胀系数；⑥良好的工艺性和经济性。

常用的刀具材料：高速钢、硬质合金、陶瓷材料、金刚石、涂层材料及立方氮化硼。

2．答：①良好的润滑性能和吸附性能；②高的导热系数、大的热容量和汽化热，良好的冷却作用；③良好的流动性和渗透性；④良好的防锈性能；⑤无毒、无臭，不刺激皮肤，不易变质和产生泡沫，废液易处理和再生，不污染环境；⑥易于过滤；⑦经济性好。

3．答：粗加工时，一般按照刀使用寿命的限制确定切削用量，再验算系统刚度、机床与刀具的强度是否允许。

在保证一定刀具使用寿命的前提下，使 a_p、f、v_c 的乘积最大。先根据加工余量确定 a_p，再确定 f，最后选择最大的切削速度 v_c。

4．答：YT15，YT30，W18Cr4V。

5．答：金属材料在从始滑移线到终滑移线的区域内主要产生剪切变形，这一区域称为第一变形区。刀具前刀面与切屑摩擦处为第二变形区。后刀面与已加工表面处为第三变形区。

第一变形区的变形特点主要是：金属的晶粒在刀具前刀面推挤作用下沿滑移线剪切滑移，晶粒伸长，晶格位错，剪切应力达到了材料的屈服极限。

6．答：切削塑性金属材料时，在切速不高、又能形成带状切屑的情况下，切屑沿前刀面流出，并伴随强烈的摩擦。这使切屑的流动速度降低，温度升高。在大的挤压力作用下，会使切屑底层金属与前刀面的外摩擦超过分子间结合力，一些金属材料冷焊粘附在前刀面切刃附近，逐渐形成硬度很高的瘤状楔块，成为积屑瘤。

积屑瘤对加工过程的影响主要有：保护刀具，增大前角，增大切削厚度，增大已加工表面的粗糙度，加速刀具磨损。积屑瘤对粗加工有利，而对精加工有害。

加注切削液，增大前角，避开积屑瘤生长的速度区间都可以抑制积屑瘤的形成。

7．答：①工件材料的影响：工件的强度和硬度越大，变形系数越小。②刀具前角的影响：前角增大，变形系数减小。③切削速度的影响：随着切削速度的增大，变形系数减小。④切削厚度的影响：切削厚度增大，变形减小。

8．答：常用的切屑形态有带状切屑、节状切屑、粒状切屑、崩碎切屑。

带状切屑：加工塑性金属时，在切削厚度较小、切速较高、刀具前角较大的工况条件下常形成此类切屑。

节状切屑、粒状切屑：在切削速度较低、切削厚度较大、刀具前角较小时常产生此类切屑。

崩碎切屑：加工脆性材料，切削厚度越大越易得到这类切屑。

控制切屑形态的方法：采用断屑槽、改变刀具角度(主偏角、前角和刃倾角)、调整切削用量(主要是进给量)。

9．答：①工件材料的影响：强度硬度越大，切削力越大；强度、硬度相近的材料，塑性越大，切削力也越大。

②切削用量的影响：a、背吃刀量、进给量加大，切削力均增大；b、加工塑性材料时，在中速和高速情况下，随着切削速度增加，切削力减小。

③刀具几何参数的影响：a、前角增大，变形减小，切削力减小；b、负倒棱角使切削变形增加，切削力增大；c、加工塑形金属时，随着主偏角增大，切削力减小；d、随着过渡圆弧半径的增大，切深抗力增大，进给抗力减小，主切削力减小；e、刃倾角减小，切深抗力增大，进给抗力减小。

④刀具磨损的影响：后刀面磨损后，造成后刀面切削力增大，总的切削力增大。

10．答：①切削用量的影响：随着切削速度的增大，切削温度明显上升；进给量对切削温度的影响比切削速度小；切削深度对温度的影响很小。

②刀具几何参数的影响：前角增大，切屑变形减小，切削温度下降；主偏角减小，切削宽度增加，散热面积增加，切削温度下降。

③工件材料的影响：强度硬度等力学性能提高时，切削温度升高；切削速度越高，刀具磨损对于切削温度的影响就越明显。

④刀具磨损的影响：后刀面磨损量增大，切削温度升高；磨损量达到一定值后，对切削温度的影响加剧；切削速度越高，刀具磨损对于切削温度的影响越显著。

⑤切削液的影响：切削液的导热率、比热容和流量越大，切削温度越低；切削液本身温度越低，冷却效果越显著。

11．答：①磨料磨损：工件材料中的杂质和组织中的碳化物、氮化物和氧化物等硬质点在刀具表面刻划出沟纹而造成的磨损。磨削量与磨削路程成正比。低速磨削时磨料磨损是刀具磨损的主要原因。

②黏结磨损：刀具与材料之间接触达到原子间距离时所产生的黏结现象，又叫冷焊。刀具与工件材料的硬度比越小，相互之间的亲和力越大，黏结磨损越严重。刀具-工件摩擦面上具备高温、高压和新鲜表面的条件，极易发生黏结。

③扩散磨损：刀具在高温下与被切除的化学活性很大的新鲜表面接触时，刀具与工件材料中的化学元素有可能相互扩散，使化学成分发生变化，削弱刀具材料的切削性能。扩散速度随切削温度的升高急剧增大，此外，接触表面的相对滑动速度越高，扩散越快。

④化学磨损：一定温度下，刀具材料与某些周围介质起化学作用在刀具表面形成一层硬度较低的化合物，而被切屑带走，加剧刀具磨损。化学磨损主要发生于较高的切削速度条件下。

12．答：刀具的磨钝标准即指所规定的刀具磨损量的极限值，或不能继续使用的限度。考虑因素如下。

①工艺系统刚性：工艺系统刚性差，磨钝标准应取小值。

②切削难加工材料(如高温合金、不锈钢、钛合金等)，一般取较小的磨钝标准值；加工一般材料，则取较大值。

③加工精度和表面质量：加工精度和表面质量要求较高的，取较小的 VB 值。

④工件尺寸：加工大型工件时，为避免频繁换刀，VB 取大值。

13．答：一把新刀从投入切削起，到报废为止，总的实际切削时间称为刀具总使用寿命。刃磨后的刀具自开始切削直到磨损量达到磨钝标准的时间为刀具使用寿命。

一般切削速度越高的刀具使用寿命越低，切削速度对寿命的影响最大，进给量次之，切削深度最小。

14．答：前角功用：直接影响刀具的锋利程度(前角↗，刀具锋利↗)；直接影响切削刃的强度和刀头强度(前角↗，刀刃及刀头强度↙，易崩刃)；直接影响切屑的形状和断屑效果(前角↙，切屑变形程度↗，易断屑)。

前角选择原则如下：

①工件材料的强度、硬度低，可以选取较大的前角；反之，取小的前角。加工特硬的材料时，前角甚至可选负值。

②加工塑性材料时，尤其是冷硬严重的材料，应取较大的前角；加工脆性材料时，可取较小的前角。

③粗加工、断续切削或工件有硬皮时，为了保证刀具有足够的强度，应取小的前角。

④对于成形刀具和前角影响切削刃形状的其他刀具，为防止其刃形畸变，常取小的前角。

⑤刀具材料抗弯强度大、韧性较好时，应取大的前角。

⑥工艺系统刚性差或机床功率不足时，应取大的前角。

⑦对于数控机床和自动机、自动线用刀，为了保障刀具尺寸公差范围内的使用寿命及工作稳定性，应取较小的前角。

15. 答：后角功用：①减小后刀面与加工表面之间的摩擦(增大后角，减小摩擦)；②后角越大，钝圆半径值减小，切削刃越锋利；③在相同 VB 下，后角越大，所磨去的金属体积也越大，因而延长了刀具的寿命；④增大后角将使切削刃和刀头的强度削弱，导热面积和容热体积减小。

后角选择原则如下：

①粗加工、强力切削及承受冲击载荷的刀具，要求切削刃有足够强度，应取较小的后角；精加工时，宜取较大的后角。

②工件材料强度、硬度较高时，为保证切削刃强度，宜取较小的后角；工件材料较软、塑性较大时，应适当加大后角；加工脆性材料时，宜取较小的后角。

③工艺系统刚性差，易出现振动时，适当减少后角，有增加阻尼的作用。

④各种有尺寸精度要求的刀具，宜取小的后角。

16. 答：选择切削用量的原则是在保证加工质量、降低成本和提高生产效率的前提下，使 a_p 、 f 、 v_c 的乘积最大，工序的切削时间最短。

17. 答：刀具破损的主要形式有烧刃、卷刃、崩刃、断裂、表层剥落等。

防止措施：①正确选择刀具材料种类和牌号；②合理选用切削用量，以控制切削力、切削温度；③合理选择刀具参数，以控制刀具的受力状态、强化刀具；④提高工艺系统的刚性，减少振动。

18. 答：砂轮硬度表示磨粒在磨削力的作用下从砂轮表面脱落的难易程度。

一般地，工件材料越硬砂轮应选软一些，使砂轮自锐性强，避免工件烧伤；工件越软砂轮应选硬一些。砂轮与工件接触面积大则砂轮应选软些，防止砂轮堵塞。砂轮粒度号大，砂轮应选软些。精磨和成形磨时，砂轮应选硬一些，以利于保持砂轮的形状。

19. 答：超精密切削(超精密金刚石刀具镜面车削、镗削、铣削)；超精密磨削(研磨、抛光)；超精密微细加工(电子束加工、离子束加工、激光束加工、同步加速器的 X 射线刻蚀)。

超精密加工的应用：超精密耦件加工；超精密异形零件加工；超精密光学零件、电子产品零件加工。

20. 答：特点：①金属切除率可提高 3～6 倍，单位功率材料切除率可达 130～160cm^3/(min·kW)，生产效率大幅度提高；②切削力可降低 15%～30%，尤其是径向切削力大幅度降低；③高速加工时机床的激振频率特别高，远离“机床-刀具-工件”工艺系统的固有频率，工作平稳，工艺系统振动小；④95%～98%的切削热被切屑带走，切削温度增加缓慢，工件温升低，基本可以保持冷态加工，工件表面热损伤小，适于加工容易热变形的零件；⑤由于加工振动小，切屑变薄，切削力和受力变形小，所以可以获得良好的加工精度和表面质量，加工表面质量提高 1～2 级，可获得相当于磨削加工的表面粗糙度；⑥允许进给速度提高 5～10 倍，切削速度和进给速度提高 15%～20%，可降低制造成本 10%～15%。高速切削可降低制造成本 20%～40%。

高速切削的相关技术：①高速切削刀具材料和刀具系统；②高速切削机床。

21．答：金属切削过程的实质是：被切金属在刀刃的挤压作用下，产生剪切滑移变形，并转变为切屑的过程。

要减少切削变形，可增大前角，提高速度，增大进给量，适当提高工件材料硬度。

22．答：①切削部分的刀面(包括前刀面、后刀面、副后刀面)；②切削刃(主切削刃、副切刃、过渡刃)。

23．答：①无焊接、刃磨缺陷，切削性能提高；②刀片无须重磨，可使用涂层刀具；③减少调刀时间，提高效率；④刀杆使用寿命长，节约材料及其制造费用；⑤在一定条件下，卷屑、断屑稳定可靠。

24．答：①纵磨法：磨削时砂轮高速旋转为主运动，零件旋转为圆周进给运动，零件随磨床工作台的往复直线运动为纵向进给运动。

②横磨法：又称切入磨法，零件不作纵向往复运动，而由砂轮作慢速连续的横向进给运动，直至磨去全部磨削余量。

25．答：磨削温度是指砂轮与工件接触区内的平均温度。

影响磨削温度的因素有：①磨削深度增大，磨削温度增大；②工件速度增大，磨削温度减小；③磨削速度增大，磨削温度增大；④工件材料；⑤磨削液；⑥砂轮磨损的程度。

26．答：工件材料的切削加工性是指在一定的切削条件下，工件材料切削加工的难易程度。其衡量指标有：①刀具的使用寿命(相同切削条件下，刀具使用寿命高，切削加工性好)；②切削力和切削温度(切削力或切削温度高，则加工性好)；③加工表面质量(易获得好的加工表面质量，则切削加工性好)；④断屑性能(切屑便于清除，则切削加工性好)。

影响因素：材料的物理力学性能；材料的化学成分；材料的金相组织。

27．答：①前角：增大前角，可以减少切削变形，减少切削力、切削热和切削功率，提高刀具使用寿命；但增大前角会削弱切削刃强度和散热情况，也不利于断屑。②后角：增大后角，可以增加切削刃的锋利性，减轻后刀面与已加工表面的摩擦；但增大后角会使切削刃和刀头的强度降低，减少散热面积和容热面积，加速刀具磨损。③主偏角：减小主偏角会使切削厚度减少，切削宽度增加，从而使单位长度切削刃所承受的载荷减轻，提高刀尖强度，提高刀具使用寿命；但减少主偏角会导致径向力增大，加大工件的变形，易引起振动，使加工表面粗糙度增大。④副偏角：副偏角减小，切削刃痕的残留面积高度减小，可有效减少加工表面粗糙度；过小会增加副切削刃的工作长度，增大副后刀面与已加工表面的摩擦，增大粗糙度。⑤刃倾角：影响切削刃锋利性；影响刀头强度和散热条件；影响切削力的大小和方向；影响切屑流出方向。

第四章　机械加工工艺规程的制定

一、判断题

1．×；2．√；3．×；4．×；5．×；6．√；7．×；8．√；9．×；10．√；11．×；12．√；13．×

二、选择题

(一)单项选择题

1. C；2. D；3. C；4. C；5. A；6. C；7. B；8. A；9. B；10. D；11. C；12. B；13. B

(二)多项选择题

1. ABCD；2. ACD；3. ABCD；4. ABC；5. ABC

三、填空题

1. 单件生产、成批生产、大量生产；
2. 基本时间、辅助时间、布置工作地时间；
3. 上道工序尺寸公差；
4. 工作地点、连续完成；
5. 先基准后其他面、先粗后精、先主后次、先面后孔；
6. 切削刀具、进给量、切削速度。

四、名词解释

1. 一个(或一组)工人在一个工作地点，对一个(或同时加工的几个)工件所连续完成的那部分机械加工工艺过程。

2. 在加工表面、加工工具、进给量和切削速度都保持不变的情况下，所连续完成的那一部分工序内容。

3. 在装配过程中最后形成的或在加工过程中间接获得的组成环。

4. 刀具以加工进给速度相对工件所完成一次进给运动的工步部分。

5. 为了一定的工序部分，一次装夹工件后，工件与夹具或设备的可移动部分一起相对刀具或设备的固定部分所占据的每一个位置。

6. 包括备品与废品在内的零件的年产量。

7. 装配时用以确定零件或部件在机器中位置的基准。

8. 在工序图中用来确定本工序所加工表面加工后的尺寸、形状、位置的基准。

9. 加工时使工件在机床或者夹具中占据一个正确位置所用的基准。

10. 设计图上作为确定某一几何要素位置的设计尺寸的起点的那些点、线、面。

五、简答题

1. 答：粗加工阶段、半精加工阶段、精加工阶段、光整加工阶段。

原因：①可以保证加工质量；②合理使用机床设备；③便于安排热处理工序；④粗、精加工分开，便于及时发现毛坯缺陷。

2. 答：设计基准是设计图样上所采用的基准，也就是在设计图样中作为确定某一几何要素位置的设计尺寸起点的那些点、线、面。

装配基准是装配时用以确定零件或部件在机器中位置的基准。

工序基准是在工序图中用来确定本工序所加工表面加工后的尺寸、形状、位置的基准。

定位基准是加工时使工件在机床或夹具中占据一个正确位置所用的基准。

测量基准是零件检验时用以测量已加工表面尺寸和位置时所用的基准。

3．答：工序：一个或一组工人在一个工作地点，对一个(同时加工的几个)工件所连续完成的那部分机械加工工艺过程。例如，在车床上加工一批轴可以先对整批轴进行粗加工，然后再依次对他们进行精加工。

工位：一次装夹工件后，工件与夹具或设备的可动部分一起相对刀具或设备的固定部分所占据的每一个位置。例如，车削多头螺纹，需要变换车刀与工件间的相对位置。

工步：在加工表面、加工工具、进给量和切削速度(转速)都保持不变的情况下，所连续完成的那一部分工序内容。例如，带回转刀架的机床其回转刀架的一次转位所完成的工位内容应属一个工步。

走刀：切削刀具在加工表面上切削一次所完成的工步内容。

4．答：工艺过程：由原材料转变为产品直接相关的过程。工艺规程：用一定的文件形式规定下来的工艺过程。

工艺规程的作用：①是指导生产的技术文件；②是生产管理和组织的主要依据；③是新建或扩建机械制造工厂或车间的基本文件；④是现有生产方法和技术的总结，是进行生产技术交流的重要文件。

5．答：设计原则：所设计的工艺规程应能保证零件的加工质量(或机器的装配质量)，达到设计图样上规定的各项技术要求；应使工艺过程具有较高的生产率，使产品尽快投放市场；设法降低制造成本；注意减轻工人的劳动程度，保证生产安全。

设计步骤及内容如下：

①准备性工作阶段：收集原始资料和基本数据，对零件进行工艺性分析，生产纲领计算和生产类型以及毛坯种类的确定。

②工艺路线拟定阶段：定位基准的选择，单个表面加工方法及步骤的确定，加工顺序的确定，工序划分及工艺路线确定。

③工序设计阶段：加工余量的确定，工序尺寸及公差的计算，机床设备及工艺装备选择，切削参数确定，工时定额确定。

④最终确定：比较不同的工艺过程，填写工艺规程文件。

6．答：作为定位基准的表面，若是未经过加工的表面，则称为粗基准。

粗基准的选择原则如下：

①当必须保证不加工表面与加工表面间相互位置关系时，应选择该不加工表面为粗基准。如果零件上有多个不加工表面，则选择其中与加工表面相互位置要求高的表面为粗基准。

②对于有较多加工表面而不加工表面与加工表面间位置要求不严格的零件，粗基准选择应能保证合理地分配各加工表面的余量。

③选作粗基准的毛坯表面应尽量光滑平整，不应有浇口、冒口的残迹及飞边等缺陷，以免增大定位误差，并使零件夹紧可靠。

④粗基准应尽量避免重复使用，原则上只能在第一道工序中使用。因为多次使用同一制造精度低的粗基准会造成很大的定位误差。

7．答：作为定位基准的表面，若是经过加工的表面，则称为精基准。

精基准的选择原则如下：

①尽可能选用工序基准作为精基准，以减少因基准不重合而引起的定位误差。这一原则通常称为“基准重合”原则。

②如果工件以某一组精基准定位可以比较方便地加工出其他各表面，则应尽可能在多数工序中都采用这组精基准进行定位。这称为“基准统一”原则。

③当精加工或光整加工工序要求余量尽量小而均匀时，或是在某些特殊情况下，应选择加工表面本身作为精基准。但该表面与其他表面之间的相互位置精度，则要求由先行工序保证。这一方法又称为“自为基准”。

④当需要获得均匀的加工余量或较高的相互位置精度时，有时还要遵循“互为基准、反复加工”原则。

⑤精基准的选择应使定位准确、夹具结构简单、夹紧可靠。

8．答：工序集中，是力求将加工零件的所有工步集中在少数几个工序内完成。最大限度的工序集中，是在一个工序中完成零件的全部加工。工序分散则相反，它是力求每一工序的加工内容简单，因而整个零件的加工工艺过程工序较多。

通常，大批量生产倾向于工序集中。随着目前数控机床、加工中心机床及柔性制造系统等的发展，小批量生产也有采用工序集中的趋势。

工序分散时使用的机床及工艺装备简单，生产、技术准备工作量小，投产期短，可以使用通用机床组织大批量生产。

9．答：①先加工基准面，后加工功能表面(基准先行原则)；②先加工平面，后加工内孔；③先加工主要表面，后加工次要表面；④先粗加工，后精加工。

10．答：时间定额指在一定的生产条件下规定生产一件产品或完成一道工序所消耗的时间。由基本时间、辅助时间、布置工作地时间、休息和生理需要时间、准备与终结时间组成。

11．答：工艺尺寸链为加工过程中，全部组成环视为同一零件上的尺寸，其中包括加工过程中使用的工艺尺寸组成的尺寸链。公差大的环不一定就是封闭环。

12．答：零件的生产成本是由工艺成本与其他费用(行政、总务人员的工资及办公费用；厂房维持及折旧费用；照明、取暖、通风、水费；运输费用等)构成的。

工艺成本：通过计算与工艺过程直接相关的费用。

可变费用是与年产量有关并与之成比例的费用。

不变费用是指与年产量无直接关系，且不随年产量的增减而变化的费用。

在市场经济条件下，产品的竞争除了功能、质量，就是价格的竞争，相同功能质量的产品，价格低才有较大的竞争能力，所以应想方设法降低生产成本及工艺成本。

13．答：提高机械加工生产率的工艺措施如下：

①缩短基本时间：提高切削用量；减少工件加工长度；合并工步；多件加工；采用精密铸造、压力铸造、精密锻造等先进工艺提高毛坯制造精度。

②缩短辅助时间：直接缩减辅助时间；间接缩短辅助时间。

③缩短布置工作地时间。

④缩短准备与终结时间。

降低工艺成本的主要方法是增加生产批量，减少基本时间和辅助时间，减少准备终结时间，提高生产效率。

14．答：①由工序余量确定切削深度。全部工序(或工步)余量最好在一次走刀中去除。

②按本工序加工表面粗糙度确定进给量。对粗加工工序，进给量按加工粗糙度初选后还要校验刀片强度及机床进给机构强度。

③选择刀具磨钝标准及耐用度。

④确定切削速度，并按机床实有的主轴转速表选取接近的主轴转速。

⑤最后校验机床功率。

15．答：加工余量是指为使加工表面达到所需要的精度和表面质量而应切除的金属层厚度。

工序余量是指某表面在一道工序中所切除的金属层厚度，其数值为上工序尺寸与本工序尺寸之差。总加工余量等于各工序余量之和。

考虑因素：①上道工序加工的表面质量；②上道工序的尺寸公差T_a；③上道工序的位置误差ρ_a；④本道工序的安装误差ε_b。

16．答：A_0是封闭环，A_1、A_2、A_4、A_5、A_7、A_8是增环，A_3、A_6、A_9、A_{10}为减环。

17．答：(a)先以外圆表面为粗基准加工内孔，然后再以孔为精基准加工其他表面。

(b)以法兰盘外圆柱面和左侧面为粗基准加工内孔和法兰盘右侧面，再以孔和右侧面为精基准加工其他表面。

(c)以外圆柱面和左端面为粗基准加工内孔和右端面，然后以孔和右端面为精基准加工其他表面。

(d)以上表面为粗基准加工下表面，然后以下表面为精基准加工其他表面。

18．答：工序1：粗车各外圆、端面、钻Φ14孔，精车Φ40外圆及端面；以Φ40为基准面，精镗Φ30孔，精车Φ60及端面(车床)。

工序2：铣键槽(铣床)。

工序3：钻4-Φ6孔(钻床)。

工序4：去毛刺(钳工台)。

19．答：见下表。

工序	工序名称及内容	定位基准
1	下料，棒料Φ45×170	外圆表面(4点)
2	夹左端，车右端面，打中心孔；粗车右端Φ45、Φ30、Φ25外圆，留1.5mm余量。 调头，夹右端，车左端面，保证全长150mm，打中心孔。粗车左端Φ32、Φ20外圆，留1.5mm余量	外圆表面(4点) 外圆表面(4点)
3	顶尖定位，半精车Φ40外圆；精车Φ35、Φ25外圆，留0.3mm磨量；切退刀槽，倒角。 调头，顶尖定位，半精车Φ32外圆；精车Φ20外圆，留0.3mm磨量；切退刀槽，倒角	顶尖孔(5点) 顶尖孔(5点)
4	铣键槽	顶尖孔(5点)或Φ35、外圆(4点)+Φ40外圆右端面(1点)
5	磨一端Φ35、Φ25外圆； 调头，磨另一端Φ20外圆	顶尖孔(5点)
6	去毛刺	
7	检验	

20．答：见下表。

工序	工序内容	定位基准
1	车端面，钻、扩、铰 Φ20H7 基准孔	外圆和端面
2	车另外一端面及外圆	内孔和端面
3	插键槽	内孔和端面
4	钻、扩、铰 3×Φ10H7 孔	内孔和端面
5	检验	

六、计算题

1．解题思路：根据分析，封闭环为 $L_0=80\pm0.8\text{mm}$；增环：$140_{-0.5}^{\ 0}\text{mm}$；减环：$L$、$20_{-0.5}^{\ 0}\text{mm}$。经计算得，工序尺寸 $L=40\pm0.3\text{mm}$。

2．解题思路：尺寸 $100\pm0.15\text{mm}$ 为封闭环；尺寸 L、$80_{-0.06}^{\ 0}\text{mm}$ 为增环；尺寸 $280_{\ 0}^{+0.1}\text{mm}$ 为减环。经计算得，尺寸 $L=300_{+0.01}^{+0.15}\text{mm}$。

3．解题思路：求解尺寸链如图 A-1 所示，其中 A_1=$14.25_{-0.042}^{\ 0}\text{mm}$，$A_2$=$14_{+0.004}^{+0.0105}\text{mm}$，$t$=$4_{\ 0}^{+0.12}\text{mm}$，$t$ 为封闭环，求解 H。尺寸 A_2 和 H 为增环，A_1 为减环。解得 H=$4.25_{-0.004}^{+0.0675}\text{mm}$。

4．解题思路：画出尺寸链图（图 A-2），其中 A_0=$40\pm0.10\text{mm}$，A_1=$15_{\ 0}^{+0.016}\text{mm}$，$A_3$=$10_{\ 0}^{+0.06}\text{mm}$，$A_4$=$60_{\ 0}^{+0.08}\text{mm}$，$A_2$ 为要求的工序尺寸。分析得 A_0 为封闭环，A_1、A_2、A_3 为增环，A_4 为减环。根据公式计算得工序尺寸 A_2=$75_{-0.020}^{+0.024}\text{mm}$。

5．解题思路：尺寸链如图 A-3 所示，L_0 间接获得为封闭环，L_3 为工序尺寸在加工过程要使用，需要计算出来。经分析可知，L_1、L_3 为增环，L_2 为减环。据公式解得 L_3=$40_{+0.05}^{+0.10}\text{mm}$。

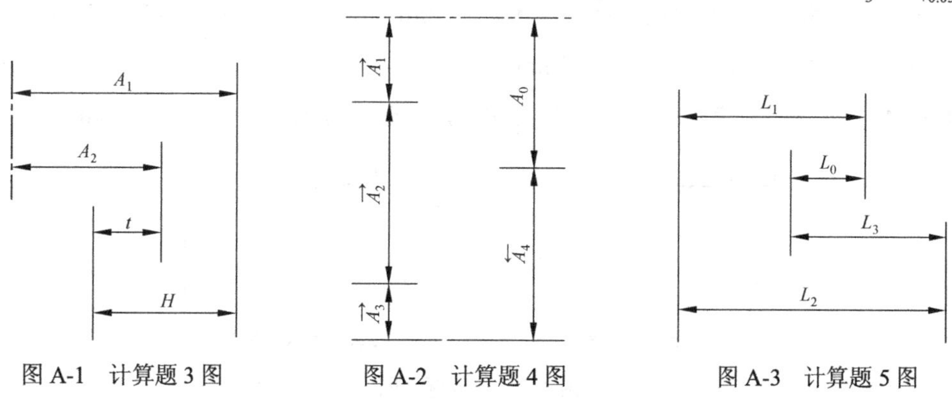

图 A-1 计算题 3 图　　图 A-2 计算题 4 图　　图 A-3 计算题 5 图

6．解题思路：如图 A-4 所示为尺寸链，A_1 为题中图(b)加工的 O_1O_1 的轴径的一半，A_1=$12.49_{-0.01}^{\ 0}\text{mm}$；$A_2$ 为对称度对尺寸 C 的影响，取一半，A_2=$0_{\ 0}^{+0.05}\text{mm}$；A_3 为题中图(b)加工得到的外形高度的一半，A_3=$53.98_{-0.0175}^{\ 0}\text{mm}$；由于对称度为加工要求保证的位置公差，工序尺寸 C 直接影响对称度，故取 A_2 为封闭环。根据公式，求得 C=$66.47_{\ 0}^{+0.0225}\text{mm}$。

7．解题思路：画出工艺尺寸链图，分析可知：封闭环为 A_0=$25\pm0.1\text{mm}$，增环、减环如图 A-5 所示。根据公式计算得，工序尺寸 A_1=$35_{-0.05}^{\ 0}\text{mm}$。

8．解题思路：

方案一：定位基准与设计基准重合，故 A_1=$10\pm0.1\text{mm}$。

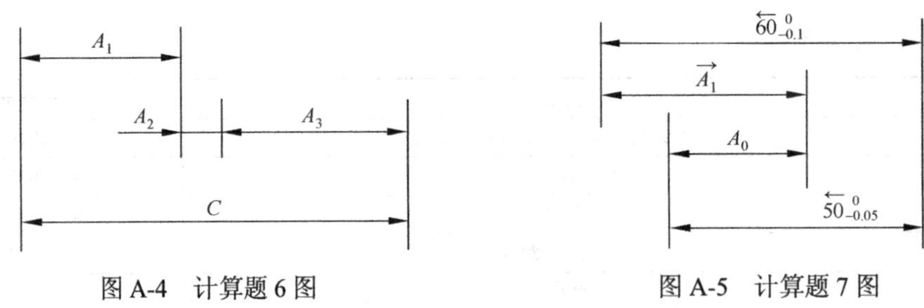

图 A-4　计算题 6 图　　　　图 A-5　计算题 7 图

方案二：尺寸链如图 A-6 所示，为封闭环，A_2 为增环，$A_4=8_{-0.05}^{\ 0}$mm 为减环，据公式求得 $A_2=18_{-0.10}^{+0.05}$mm。

方案三：尺寸链如图 A-6 所示，$A_2=75_{-0.020}^{+0.024}$mm 为封闭环，$A_5=38_{-0.10}^{0}$mm 为增环，A_3，$A_4=8_{-0.05}^{\ 0}$mm 为减环，据公式求得 $A_3=20_{-0.05}^{\ 0}$mm。

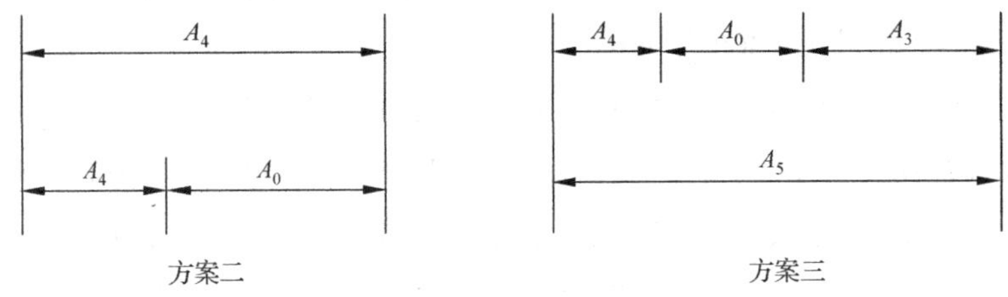

图 A-6　计算题 8 图

9．解题思路：

由题可知，$A_1=50_{-0.1}^{\ 0}$mm。

经分析，A_2 和 A_4、A_5 两尺寸有关，$A_4=5_{\ 0}^{+0.4}$mm，$A_5=25_{-0.3}^{\ 0}$mm。如图 A-7 所示，其中 A_4 为封闭环，据公式可求得：$A_2=30_{\ 0}^{+0.1}$mm。

A_3 和 A_5、A_1 两尺寸有关，其中 A_5 为封闭环，据公式可求得：$A_3=25_{\ 0}^{+0.2}$mm。

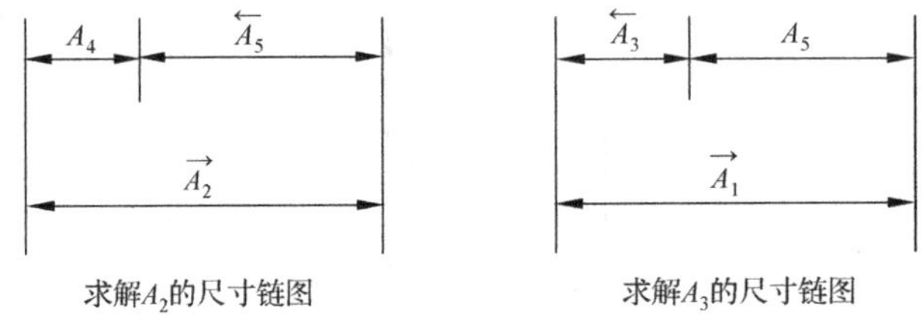

图 A-7　计算题 9 图

10．由题意知，磨后保留的渗层深度 0.4±0.1 是间接获得的尺寸，为封闭环。由之可画出尺寸链如图 A-8(b)，并确定增、减环如图 A-8(b)所示(其中 L_2、L_3 为半径尺寸)。

$$0.4=(72.38+L_1)-72.5$$

L_1 的基本尺寸　　　　$L_1=0.52$mm

计算各环中间偏差：

封闭环中间偏差　　　　$\Delta_0=0$mm

L_2 中间偏差　　　　$\Delta_2=0.01$mm

L_3中间偏差　　　　Δ_3=0.01mm

L_1的中间偏差　　　　Δ_1=0.01－0.01＝0

L_1的公差　　　　T_1=0.2－0.02－0.02＝0.16 (mm)

由此可得　　　　ES_1=0.08mm，EI_1=−0.08mm

因此工艺尺寸 L_1 为　　　　L_1=0.52±0.08 mm

即渗氮处理深度为　　　　0.44～0.60mm

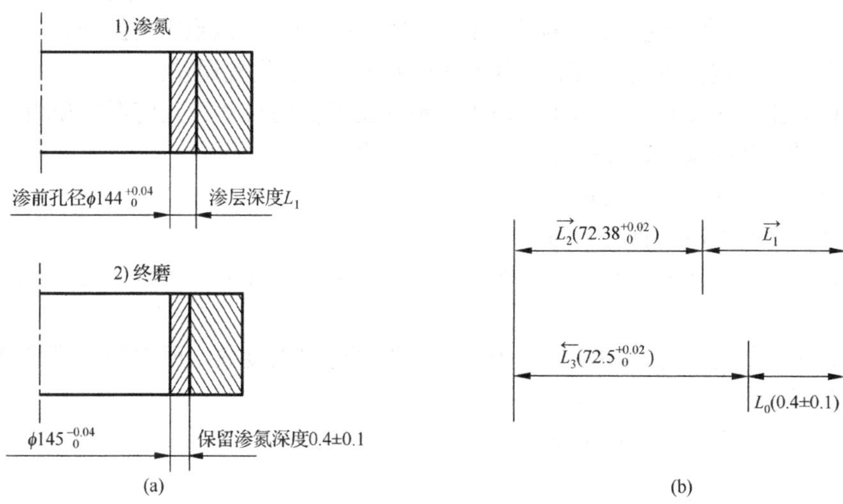

图 A-8　保证渗氮层厚度的工序尺寸换算

第五章　机 床 夹 具

一、判断题

1．√；2．√；3．×；4．×；5．×；6．×；7．×；8．√；9．×；10．√；11．√；12．√；13．×

二、选择题

1．D；2．B；3．A；4．D；5．B；6．B；7．B；8．B；9．A；10．C；11．A；12．B；13．A；14．D

三、填空题

1．定位元件、夹紧元件、对刀引导元件、夹具安装元件、夹具体；

2．直接找正装夹、按画线找正装夹、夹具中安装装夹；

3．基准不重合、基准位置；

4．1、完全定位；

5．0、过定位；

6. 确定工件正确位置；

7. 通用夹具、专用夹具、组合夹具；

8. 外圆柱轴线、两顶尖孔连线；

9. 完全定位、部分定位；

10. 定位基准。

四、名词解释

1. 夹具上按一定规律分布的六个支承点可以限制工件的六个自由度，其中每个支承点相应地限制一个自由度。这一原理称为工件定位原理，也称为六点定位原理。

2. 指由于工件定位所造成加工表面相对其工序基准的位置误差。

3. 在机床上加工工件时，为了保证工件被加工表面的尺寸、几何形状和相互位置精度等要求，必须使工件在机床上占有正确的位置的过程。

4. 用于装夹工件的工艺装备。

5. 工件在空间可能具有的运动。

6. 在保证加工要求的前提下，有时不需要完全限制工件的六个自由度，不影响加工要求的自由度可以不限制。

7. 如果工件的定位方案中定位点少于应当限制的自由度数，而实际上某些应该限制的自由度没有限制，工件定位不足。

8. 定位方案中有些定位点重复限制了同一个自由度。

五、简答题

1. 答：机床夹具的作用：①保证加工精度；②提高劳动生产率；③降低对工人的技术要求，减轻工人的劳动强度；④扩大机床的加工范围。

其组成部分有：①定位元件；②夹紧装置；③对刀和引导元件；④夹具体；⑤其他元件。

2. 答：V 形块、圆定位套、半圆定位套、锥面定位套和支承板上定位。

3. 答：在机床上加工工件时，为了保证工件被加工表面的尺寸、几何形状和相互位置精度等要求，必须使工件在机床上占有正确的位置，这一过程称为工件的定位。

为使该正确位置在加工过程中不发生变化，就需要使用特殊的工艺方法将工件夹紧压牢，这一过程称为工件的夹紧。

二者不一样。例如，双联齿轮在插齿机工作台上安装时，为了保证双联齿轮的齿圈与内孔同轴，可将双联齿轮的内孔套在心轴上。此外，为保证切出的齿轮不歪斜，需要将大齿轮端面靠在其一边的靠垫上，这就实现了双联齿轮在插齿机上的定位；但为保证插齿时该双联齿轮不会转动，要用夹紧螺母将其压紧在靠垫上，这便是夹紧。

4. 答：①限制了 4 个($\vec{X}$、$\vec{Z}$、$\overset{\frown}{X}$、$\overset{\frown}{Z}$)；②限制了 2 个($\vec{X}$、$\vec{Z}$)。

5. 答：在完成机械加工的工序中，使工件在机床或夹具中占据一定正确位置并被夹紧的过程称为夹紧；工件在一次夹紧后完成的那部分工序称为安装。

夹紧是为工件寻找正确位置并将其夹紧的过程；安装则是对工件进行加工的过程。

6. 答：①直接找正安装(普遍适用于单件、小批量生产中)。

②按画线找正装夹(广泛用于单件、小批量生产，更适用于形状复杂的大型、重型铸锻

件以及加工尺寸偏差较大的毛坯)。

③在夹具中安装(用于生产批量大的情况，必须根据工件某一加工工序的需求设计专用的、保证定位精度和提高生产率的夹具)。

7．答：(1)图(a)需要限制：$\vec{X}$、$\vec{Y}$、$\vec{Z}$、$\overset{\frown}{X}$、$\overset{\frown}{Z}$；图(b)需要限制：$\vec{X}$、$\vec{Y}$、$\vec{Z}$、$\overset{\frown}{X}$、$\overset{\frown}{Z}$；

图(c)需要限制：$\vec{X}$、$\vec{Z}$、$\overset{\frown}{X}$、$\overset{\frown}{Z}$；图(d)需要限制：$\vec{X}$、$\vec{Y}$、$\overset{\frown}{X}$、$\overset{\frown}{Y}$。

(2)图(a)中三爪卡盘限制：$\vec{X}$、$\vec{Y}$、$\vec{Z}$；右顶尖限制：$\vec{Y}$、$\overset{\frown}{X}$、$\overset{\frown}{Z}$。

图(b)中左顶尖限制：$\vec{X}$、$\vec{Y}$、$\vec{Z}$；右顶尖限制：$\vec{Y}$、$\overset{\frown}{X}$、$\overset{\frown}{Z}$。

图(c)中左端V形块限制：$\vec{X}$、$\vec{Z}$；右端V形块限制：$\overset{\frown}{X}$、$\overset{\frown}{Z}$。

图(d)中端面限制：$\vec{Z}$、$\overset{\frown}{X}$、$\overset{\frown}{Y}$；芯轴限制：$\vec{X}$、$\vec{Y}$。

(3)图(a)、图(b)中存在重复定位。

8．答：可调支承的顶端位置可以在一定的范围之内调整。主要用于各批毛坯的尺寸、形状变化比较大，以粗基准定位的工件。

自位支承是指支承本身在定位过程中所处的位置是随工件定位基准的位置变化而自动与之适应的一类支承。当需要减少某个定位元件所限制的自由度数目，或者使两个或多个支承点组合只限制一个自由度，以避免重复定位，常使用自位支承。它可以增加支承点数，提高了定位稳定性和支承刚性，减小了受力变形。

辅助支承只在基本支承对工件定位后才参与支承，只起到提高工件刚性和稳定性的作用，不限制工件的自由度。工件因尺寸、形状特征或因局部刚度较差，在切削力、夹紧力和工件自身重力作用下，只由基本支承定位仍可能定位不稳或引起工件加工部位变形时，可增设辅助支承。

9．答：(1)必须限制的自由度：$\vec{X}$、$\vec{Z}$、$\overset{\frown}{X}$、$\overset{\frown}{Y}$、$\overset{\frown}{Z}$。

(2)选择定位基准面：第一基准为工件底平面*A*；第二基准为工件上侧面*B*；第三基准*C*为孔(允许不选)。

(3)选择定位元件：第一基准采用支承板定位(限制了3个自由度)；第二基准采用两个支承销定位(限制了2个自由度)；第三基准采用削边销定位(限制了1个自由度)。

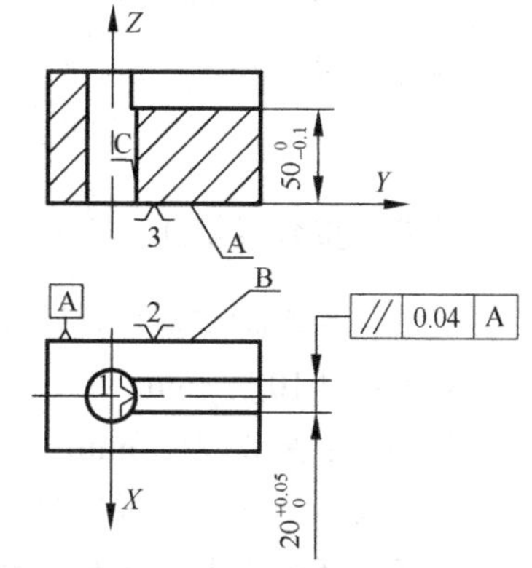

图A-9　简答题9图

10．答：使工件在夹具中占有正确的加工位置。这是通过工件各定位面与夹具的相应定位元件的定位工作面(定位元件上起定位作用的表面)接触、配合或对准来实现的。

夹具对于机床应先保证有准确的相对位置，而夹具结构又保证定位元件、定位工作面对夹具与机床相连接的表面之间的相对准确位置，这就保证了夹具定位工作面相对机床切削运动形成表面的准确几何位置，也就达到了工件加工面对定位基准的相互位置精度要求。

使刀具相对有关的定位元件的定位工作面调整到准确位置，这就保证了刀具在工件上加工出的表面对工件定位基准的位置尺寸。

11. 答：基准不重合误差是指工序基准相对于定位基准的最大变动量；基准位置误差指定位基准本身的变动量。

定位误差是指由于工件定位所造成加工表面相对其工序基准的位置误差。定位误差产生的原因：①基准位置误差(由于定位副制造不准确产生的)；②基准不重合误差(由定位基准和设计基准不重合引起的)。

12. 答：钻床夹具的位置，要使被加工孔正在钻床主轴下方，主要保证孔的位置精度。车床夹具的位置，要使被车工件的外圆、孔与车床主轴同心，要保证工件的回转轴线位置，以及平衡和安全性。

13. 答：图(a)V 形块 1 限制了工件 $\vec{X}$、$\vec{Y}$ 自由度；V 形块 2 限制了工件 $\widehat{X}$ 、$\widehat{Y}$ 自由度；V 形块 3 限制了工件 $\vec{Z}$ 、$\widehat{Z}$ 自由度。该定位方案属于完全定位。

图(b)中支承平面限制了工件 $\vec{Z}$ 、$\widehat{X}$ 、$\widehat{Y}$ 自由度；V 形块 1、V 形块 2 分别都限制了工件 $\vec{X}$、$\vec{Y}$ 自由度。该定位方案属于过定位。改进方案：将 V 形块 1 或 2 改成可移动式 V 形块。

图(c)中平面限制了 $\vec{Z}$ 、$\widehat{X}$ 、$\widehat{Y}$ 自由度；短定位销限制了 $\vec{X}$、$\vec{Y}$ 自由度；固定 V 形块限制了 $\widehat{Z}$ 、$\vec{X}$ 自由度。该定位方案属于过定位，应将短销换成菱形销(将固定 V 形块改为活动 V 形块也可)。

14. 答：方案(a)：右顶尖限制 $\vec{X}$、$\vec{Y}$ 、$\vec{Z}$ 自由度；左顶尖限制了 $\widehat{Y}$ 、$\widehat{Z}$ 自由度。

方案(b)：一个锥面限制 $\vec{X}$、$\vec{Y}$ 、$\vec{Z}$ 自由度；另一个锥面组合限制 $\widehat{Y}$ 、$\widehat{Z}$ 自由度。

方案(c)：底面两个支撑板限制 $\vec{Z}$ 、$\widehat{X}$ 、$\widehat{Y}$ 自由度；侧面两个支撑钉限制 $\vec{Y}$ 、$\widehat{Z}$ 自由度；菱形销限制 $\vec{X}$ 。

六、计算题

1. 解：①长 V 形块限制了 $\vec{Y}$、$\vec{Z}$、$\widehat{Y}$、$\widehat{Z}$ 四个自由度。

②对于尺寸 $35_{-0.04}^{\ 0}$ mm：

基准位置误差 $\Delta_{\mathrm{JW}}=\dfrac{T_d}{2\sin\dfrac{\alpha}{2}}$，代入数据，得 $\Delta_{\mathrm{JW}}=\dfrac{T_d}{2\sin\dfrac{\alpha}{2}}=\dfrac{0.15}{2\sin 45^\circ}\approx 0.106(\mathrm{mm})$；

基准不重合误差 $\Delta_{\mathrm{JB}}=\dfrac{T_D}{2}$，代入数据，得 $\Delta_{\mathrm{JB}}=\dfrac{T_D}{2}=\dfrac{0.08}{2}=0.04(\mathrm{mm})$；

故 $\Delta_{\mathrm{DW1}}=\Delta_{\mathrm{JW}}+\Delta_{\mathrm{JB1}}=0.146\mathrm{mm}>T_1/3=0.013\mathrm{mm}$，不满足图纸要求。

对于尺寸 $10_{-0.04}^{\ 0}$ mm：

基准位置误差 0mm，其基准不重合误差 $\Delta_{\mathrm{JB2}}=0\mathrm{mm}$，故 $\Delta_{\mathrm{DW2}}=\Delta_{\mathrm{JW}}+\Delta_{\mathrm{JB2}}=0<T_2/3=0.013\mathrm{mm}$，满足图纸要求。

可通过适当增大 V 形块的角度减小误差，从而达到要求。

2. 解：①对于工序尺寸 H_1：$\Delta_{\mathrm{JW}}=\dfrac{1}{2}(T_D+T_d)=0.03\mathrm{mm}$，$\Delta_{\mathrm{JB1}}=\dfrac{T_D}{2}=0.025\mathrm{mm}$，则 $\Delta_{\mathrm{DW1}}=\Delta_{\mathrm{JW}}+\Delta_{\mathrm{JB1}}=0.055\mathrm{mm}$。

②对于工序尺寸 H_2：$\Delta_{\mathrm{JW}}=\dfrac{1}{2}(T_D+T_d)=0.03\mathrm{mm}$；$\Delta_{\mathrm{JB2}}=\dfrac{T_{d1}}{2}=0.05\mathrm{mm}$，则 $\Delta_{\mathrm{DW2}}=$

$\Delta_{JW}+\Delta_{JB2}=0.08mm$。

3．解：(1)需要限制$\vec{Y}$、$\vec{Z}$、$\widehat{Y}$、$\widehat{Z}$四个自由度。

(2)芯轴和小端面实际限制$\vec{X}$、$\vec{Y}$、$\vec{Z}$、$\widehat{Y}$、$\widehat{Z}$五个自由度，部分定位；长 V 形块限制了$\vec{Y}$、$\vec{Z}$、$\widehat{Y}$、$\widehat{Z}$四个自由度，部分定位。

(3)芯轴定位时。垂直方向尺寸：定位基准是内孔中心，$\Delta_{JW}=\frac{1}{2}(T_D+T_d)=0.025mm$；工序基准是内孔中心，$\Delta_{JB}=0$；定位误差$\Delta_{DW}=\Delta_{JW}=\frac{1}{2}(T_D+T_d)=0.025mm$。

水平方向尺寸：定位基准是外圆中心，$\Delta_{JW}=0$；工序基准是外圆中心，$\Delta_{JB}=\frac{T_{d1}}{2}=0.02mm$；定位误差$\Delta_{DW}=\Delta_{JB}=\frac{T_d}{2}=0.02mm$。

(4)V 形块定位时。垂直尺寸方向：定位基准是外圆中心，$\Delta_{JW}=\frac{T_d}{2\sin 45°}=0.028(mm)$；工序基准是外圆中心，$\Delta_{JB}=0$；定位误差$\Delta_{DW}=0.028mm$。

水平尺寸方向：定位基准是外圆中心，$\Delta_{JW}=0$；工序基准是左侧外圆母线，$\Delta_{JB}=\frac{T_{d1}}{2}=0.02mm$；定位误差$\Delta_{DW}=0.02mm$。

4．解：图(b)定位误差分析。

在Y方向：没有基准位移误差，考虑定位元件无制造误差，则在Y方向定位误差为 0；在X方向：工件外圆公差$T_{\Phi}=0.1mm$对键槽加工有影响，$\Delta_{DW\text{-}X}=T_{\Phi}/2=0.05mm$，由于对称度要求为 0.2，$x$方向定位误差小于对称度要求，故该方案符合要求。

图(c)定位误差分析：

定位误差$\Delta_{DW}=\frac{T_d}{2}\left(\frac{1}{\sin\frac{\alpha}{2}}-1\right)=\frac{0.1}{2}\times\left(\frac{1}{\sin 45°}-1\right)=0.02071(mm)$。

5．解：设计基准为轴心线 O，其两个极限位置为d_{min}、B_{max}和d_{max}、B_{min}，根据定位误差定义得

$$\Delta_{DW}=\frac{T_d}{2}+\frac{\sqrt{2}}{2}T_d+T_B=0.433mm$$

6．解：$\Delta_{DW(H_1)}=\frac{T_d}{2\sin\frac{\alpha}{2}}$；$\Delta_{DW(H_2)}=\frac{T_d}{2}\left(1+\frac{1}{\sin\frac{\alpha}{2}}\right)$；$\Delta_{DW(H_3)}=\frac{T_d}{2}\left(\frac{1}{\sin\frac{\alpha}{2}}-1\right)$；$\Delta_{DW(对称)}=0$。

7．解：①限制了 4 个自由度，分别是$\vec{Y}$、$\vec{Z}$、$\widehat{X}$、$\widehat{Z}$。

②定位方案如图 A-10 所示。

③定位误差。对于尺寸H：$\Delta_{JW}=0$，$\Delta_{JB}=0$，$\Delta_{DW}=0$。对于尺寸L：$\Delta_{JW}=0$，$\Delta_{JB}=0$，$\Delta_{DW}=0$。

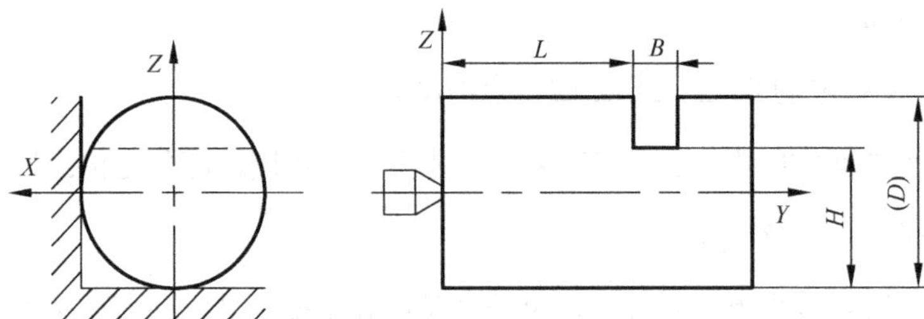

图 A-10　计算题 7 定位方案图

8．解：由ϕ60 的外径变化引起的轴心线变化：$\Delta'=\dfrac{0.14}{2}\times\dfrac{1}{\sin 45^\circ}=0.099(\text{mm})$。进而，由 30 尺寸变化引起$\phi$60 圆的轴心线变化：$\Delta''=0.07\times 2\times\dfrac{1}{\sin 45^\circ}=0.197(\text{mm})$。

因此，引起内孔和外圆同轴度的合成误差为

$$\Delta=\sqrt{0.099^2+0.197^2}=0.277(\text{mm})$$

9．解：①对于尺寸$10_{-0.3}^{\ 0}$ mm：

基准位置误差为

$$\Delta_{\text{JW}_1}=\frac{T_d}{2\sin 60^\circ}=0.058\text{mm}$$

基准不重合误差为

$$\Delta_{\text{JB}_1}=\frac{T_d}{2}=0.05\text{mm}$$

定位误差为

$$\Delta_{\text{DW}_1}=\Delta_{\text{JW}_1}+\Delta_{\text{JB}_1}=0.108\text{mm}$$

因为$\Delta_{\text{DW1}}>\dfrac{0.3}{3}$，故不满足要求。

②对于尺寸$30_{-0.2}^{\ 0}$ mm：

基准位置误差为

$$\Delta_{\text{JW}_2}=0$$

基准不重合误差为

$$\Delta_{\text{JB}_2}=\frac{T_d}{2}=0.05\text{mm}$$

定位误差为

$$\Delta_{\text{DW}_2}=\Delta_{\text{JB}_2}=0.05\text{mm}$$

因为$\Delta_{\text{DW}_2}<\dfrac{0.2}{3}$，故满足要求。

10．解：方案(a)：$\Delta_{\text{JW}}=0$，$\Delta_{\text{JB}}=0$，$\Delta_{\text{DW}}=0$；或$\Delta_{\text{JW}}=T_d/2$，$\Delta_{\text{JB}}=T_d/2$，$\Delta_{\text{DW}}=\Delta_{\text{JW}}-\Delta_{\text{JB}}=0$。

方案(b)：$\Delta_{JW}=\dfrac{T_d}{2\sin\dfrac{\alpha}{2}}=\dfrac{0.08}{2\times0.707}\text{mm}=0.056\text{mm}$，$\Delta_{JB}=\dfrac{T_d}{2}=0.04\text{mm}$，$\Delta_{DW}=\Delta_{JW}+\Delta_{JB}=0.096\text{mm}$

方案(c)：$\Delta_{JW}=\dfrac{\Delta_{max}-\Delta_{min}}{2}=\dfrac{(D_{max}-d_{min})-0.01}{2}=\dfrac{D+T_D-d+T_d-D-d}{2}=\dfrac{T_D+T_d}{2}=\dfrac{0.02+0.08}{2}=0.05(\text{mm})$；$\Delta_{JB}=\dfrac{T_d}{2}=0.04\text{mm}$；$\Delta_{DW}=\Delta_{JW}-\Delta_{JB}=0.01\text{mm}$

综上，方案(c)最合理。

第六章　机械加工精度的影响因素及控制

一、判断题

1. √；2. √；3. ×；4. ×；5. ×；6. √；7. ×；8. √；9. √；10. ×；11. √；12. √；13. √；14. ×；15. ×；16. ×；17. ×；18. ×；19. ×；20. ×

二、选择题

1. D；2. C；3. B；4. C；5. B；6. B；7. C；8. B；9. A；10. C；11. B；12. B；13. B；14. D；15. D；16. C；17. A；18. A

三、填空题

1. 大；
2. 系统、二级；
3. 随机、误差敏感；
4. 力、位移、小；
5. 切削、摩擦；
6. 轴向窜动、纯角度摆动；
7. 尺寸、形状、位置；
8. 位置、形状；
9. 近似的加工运动；
10. 常值系统、随机。

四、名词解释

1. 指零件经机械加工后的实际几何参数(尺寸、形状、表面相互位置)与零件的理想几何参数相符合的程度。

2. 经加工后零件存在的加工误差和加工前的毛坯误差相对应，其几何形状误差与上工序相似的现象。

3. 在分析原始误差对加工精度的影响中，影响加工精度最大的那个方向。

4. 指工艺系统在外力作用下抵抗变形的能力。(以切削力和在该方向上(误差敏感方向)

所引起的刀具和工件间相对变形位移的比值表示。)

5. 在加工中采用了近似加工运动或近似的刀具切刃形状轮廓而产生的误差。

6. 相同工艺条件下，当连续加工一批零件时，加工误差的大小和方向保持不变的误差。

7. 在正常加工条件下(采用符合质量标准的设备、工艺装备和标准技术等级工人，不延长加工时间)下，该加工方法所能保证的加工精度。

五、简答题

1. 答：减少工艺系统热变形的措施如下：

(1) 减少机床热变形：①减少机床的热源影响；②均匀机床零部件的温升；③采取隔热措施；④工艺措施的改进；⑤采用恒温措施；⑥使用热变形自动补偿系统。

(2) 工件热变形控制：①充分施加冷却液；②提高切削速度或进给量；③工件在精加工前给予充分冷却时间；④及时刃磨刀具和修整砂轮；⑤采用弹簧后顶尖。

(3) 刀具热变形控制。

2. 答：机械加工精度是指零件经机械加工后的实际几何参数(尺寸、形状、表面相互位置)与零件的理想几何参数相符合的程度。包括尺寸精度、位置精度和形状精度。

尺寸精度获得方法：①试切法；②定尺寸刀具法；③调整法；④自动控制法。

形状精度获得的方法：①成形运动法(轨迹法、仿形法、成形刀具法、展成法)；②非成形刀具法。位置精度获得的方法：①一次装夹法；②多次装夹法；③非成形运动法。

3. 答：影响零件机械加工精度的因素有：①机械加工工艺系统原有误差，包括原理误差，机床误差(机床回转精度、直线运动精度、成形运动精度)，夹具误差与装夹误差，量具与测量误差，刀具与调整误差。②工艺系统受力变形，包括工艺系统刚度(机床、刀具、工件的刚度)，切削力的变化。③工艺系统受热变形。

属于系统性误差的有：原理误差，机床、刀具、夹具的制造误差，量具误差，调整误差，机床、刀具未达到热平衡时的热变形所引起的加工误差。

属于随机性误差的有：定位误差，夹紧误差，多次调整误差，残余应力引起的工件变形等。

4. 答：由于不同方向的原始误差，对加工误差的影响程度有所不同，差别很大。对于卧式车床，导轨在垂直平面内如果刀尖产生 ΔZ 的位移，则直线度误差(工件的直径误差)为 $\Delta D \approx \dfrac{\Delta Z^2}{R}$；在水平面内如果刀尖产生 ΔY 的位移，则直线度误差(直径上的加工误差)为 $\Delta D = 2\Delta Y$。由于在水平面内误差值更大，故其要求更高。

5. 答：图(a)所示形状误差产生的原因有：工件刚度，导轨水平方向直线度误差，毛坯形状误差。

图(b)所示形状误差产生的原因有：导轨水平方向与主轴轴线空间相交，前后顶尖刚度不足，导轨扭曲，毛坯形状误差。

图(c)所示形状误差产生的原因有：导轨水平方向直线度误差或主轴轴线不平行，尾座刚度，毛坯形状误差，刀具受热伸长变形。

6. 答：①工件细长，刚度差。铣槽时在径向切削力的作用下，工件变形，且中间变形大于两端，所以加工后工件的键槽两端深度大于中间。

②铣键槽时，刀轴变形始终一样，造成的让刀量也不变，所以铣键槽比调整的深度尺寸小。

③工作台导轨在垂直面内中凹。

7．答：①机床刚度对加工精度的影响：工艺系统刚度随着受力点在工件轴向上位置不同而变化，使车出工件呈抛物线状，各横截面直径尺寸不同，产生形状和尺寸误差。

②工件变形对加工精度的影响：工艺系统刚度沿工件轴向各个位置是不同的，加工出来的工件横截面上的直径尺寸是变化的，产生形状误差。

③切削力变化引起的加工误差：工件毛坯加工余量或材料硬度变化时引起切削力和工艺系统受力变形的变化，产生工件的尺寸误差和形状误差。

8．答：传动链误差：指传动链始末两端传动元件间相对传动的误差。

措施：缩短传动链；采用降速传动链，特别是尽可能使末端传动副采用大的降速比；提高传动元件(特别是末端元件)的制造精度和装配精度；采用误差校正机构或自动补偿装置。

9．答：工艺系统刚度：垂直作用于工件加工表面(加工误差敏感方向)的径向切削分力与工艺系统在该方向的变形之间的比值。

原因：在机械加工过程中，机床、夹具、刀具和工件在切削力的作用下，都将分别产生变形$Y_{机}$、$Y_{夹}$、$Y_{工}$、$Y_{刀}$，致使刀具和被加工表面的相对位置发生变化，使工件产生误差。

10．答：若工件刚性差，机床刚度好，*A*—*A* 截面尺寸会增大；若工件刚性好，机床主轴、尾座刚性差，则*A*—*A* 截面尺寸也会变大；若上述两种情况都发生，则*A*—*A* 截面尺寸还是会直径增大，形状误差不明显。

改进措施：增大机床主轴、尾座的刚度，增加工件的刚度。

11．答：产生上述图(b)形状误差的主要原因是：磨床主轴和尾座刚度不足，当砂轮移动到主轴或者尾座处时，出现让刀现象，所以造成在工件两端直径增大。

12．答：在镗床上镗孔时，由于切削力 *F* 的作用方向随主轴的回转而回转，在 *F* 作用下，主轴总是以支承轴颈某一部位与轴承内表面接触，轴承内表面圆度误差将反映为主轴径向圆跳动，轴承内表面若为椭圆则镗削的工件表面就会产生椭圆误差。

13．答：调整法加工小轴外圆，当加工工件批量较大时，尺寸分布应为正态分布。如果车刀出现热变形，属于系统误差，则 x 发生变化，如图 A-11 所示，但分布曲线的形状不发生变化。

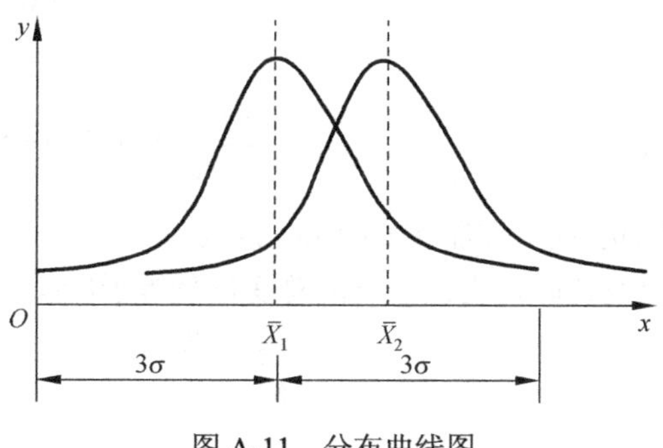

图 A-11　分布曲线图

14．答：由于薄弱环节是影响机床刚度的主要因素之一，所以从提高薄弱环节的刚度入手才有较好的效果。

机床的薄弱环节如机床导轨中的楔铁就是如此。

15．答：在切削加工时，待加工表面有什么样的误差已加工表面必然出现同样性质的误差就是误差复映现象。

$$\varepsilon=\frac{C_{F_p}f^{y_{F_p}}v_c^{nF_p}K_{F_p}}{k_{xt}}$$

由上述公式可以看出，误差复映系数与工艺系统刚度、进给量 f 、切削速度 v_c 等有关。

六、计算题

1．解：由 $\varepsilon=\dfrac{C}{k_{xt}}$ ，其中 $C=\lambda C_{F_z}f^{y_{F_z}}$ ，$k_{xt}=\dfrac{1}{\dfrac{1}{k_{jt}}+\dfrac{1}{k_{dj}}}$ 代入数据得 $\varepsilon=0.03$ 。若使 $0.5\times\varepsilon^n\leqslant 0.01$ ，则 $n\geqslant 1.12$。故需 2 次走刀可使加工后孔的圆度误差控制在 0.01mm 以内。

若想一次走刀达到 0.01mm 的圆度误差，需选用 0.24mm 的进给量。

2．解：由题意得，$\varDelta=1.38$mm。根据公式，可得粗车一刀后工件的直径误差 $\varDelta'=\varDelta\times\varepsilon$ ，其中 $\varepsilon=\dfrac{C}{k_{xt}}$ ，代入数据得 $\varDelta'=\dfrac{2000}{50000}\times 1.38=0.0552(\text{mm})$ 。

故采用进给量 f=1mm/r 粗车一刀后，工件的直径误差是 0.0552mm。

3．解：由题可知，锻造后 $\varDelta=2$mm。

粗车后公差 $\varDelta'=\varDelta\times\varepsilon$ ，其中 $\varepsilon=\dfrac{C}{k_{xt}}$ ，代入数据得 $\varDelta'=\dfrac{1000\times 0.8^{0.75}}{3000}\times 2=0.56(\text{mm})$ ；

若精车后要保证外圆尺寸分散范围不超过 0.03mm，即 $\varDelta''\leqslant 0.03$ 。

则有 $\varDelta''=\varDelta'\times\varepsilon=0.56\times\dfrac{1000\times f^{0.75}}{3000}\leqslant 0.03$ ，解得进给量 $f<0.087$mm/r，取 $f=0.08$mm/r。

综上，精车时需采用进给量为 0.08mm/r 便能保证外圆尺寸分散范围不超过 0.03mm。

4．解：已知 $C=1500\text{N/mm}$ ，$k_{系}=20000\text{N/mm}$ ，$\varDelta_{待加表面}=e=2\text{mm}$ ；又 $\varepsilon=\dfrac{C}{k_{系}}$ ，可得

$$\varDelta_{已加表面1}=\frac{C}{k_{系}}\varDelta_{待加表面}=\frac{1500}{20000}\times 2=0.15(\text{mm})；$$

由于系统刚度不变，第二次加工：$\varDelta_{已加表面2}=\dfrac{C}{k_{系}}\varDelta_{待加表面1}=\dfrac{1500}{20000}\times 0.15=0.01125(\text{mm})$ ；

同理，第三次加工：$\varDelta_{已加表面3}=\dfrac{C}{k_{系}}\varDelta_{待加表面2}=\dfrac{1500}{20000}\times 0.01125=0.0008(\text{mm})$ 。

故需 3 次走刀才能将偏心误差控制在 0.01mm 以内。

5．解：在普通车床上镗孔时，工艺系统的总变形量等于床头与刀架的变形量之和，即

$$y_s=y_h+y_c=\frac{F_n}{K_h}+\frac{F_n}{K_c}$$

所以 $\dfrac{1}{K_s}=\dfrac{1}{K_h}+\dfrac{1}{K_c}$ 。

根据误差复映系数的定义知，该加工的误差复映系数为

$$\varepsilon=\frac{\lambda C_F f^{y_{Fz}}}{K_s}=\frac{1000\times 0.05^{0.75}}{1\Big/\left(\dfrac{1}{40000}+\dfrac{1}{3000}\right)}=0.0379$$

设需经过 n 次车削后可将圆度误差控制在 0.01mm 以内，即

$$\varepsilon^n \times 0.5 < 0.01$$

两边取对数后得：$n \times \ln\varepsilon + \ln 0.5 < \ln 0.01$，即 $n > 1.195$ 次。

即至少需要两次切削才能使圆度误差控制在 0.01mm 以内。

若要一次走刀即将圆度误差控制在 0.01mm 以内，则要求此时的误差复映系数必须小于 0.01/0.5，即

$$\varepsilon = \frac{\lambda C_F f^{0.75}}{K_s} \leqslant \frac{0.01}{0.5}$$

$$f \leqslant \left(\frac{0.01 \times K_s}{0.5 \times \lambda C_F}\right)^{\frac{1}{0.75}} \leqslant 0.011\text{mm/r}$$

亦即进给量应小于或等于 0.02mm/r。

6．解：绘制分布曲线，如图 A-12 所示。经计算得合格率为 97.58%，废品率为 2.42%。可修复废品率为 2.28%。

7．解：绘制分布曲线，如图 A-13 所示。不能保证全部合格。该批工件尺寸在 Φ30.021～Φ30.025mm 范围内约有 136 件。

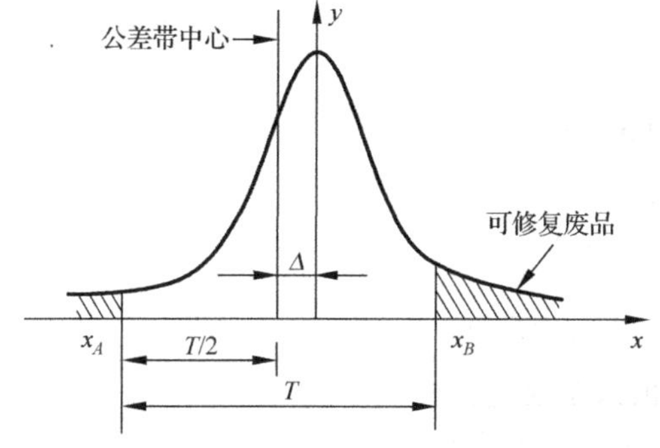

图 A-12　分布曲线（计算题 6）

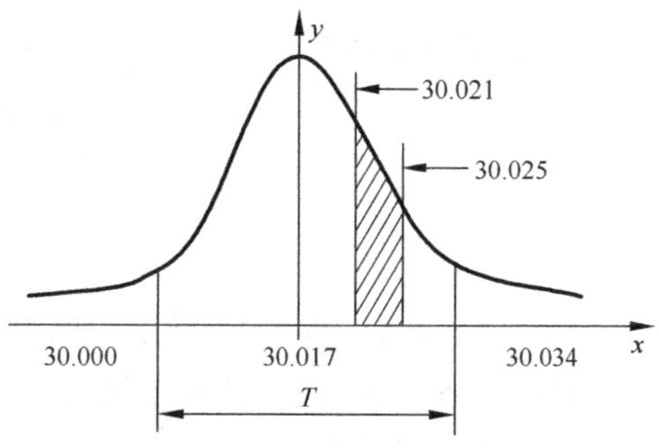

图 A-13　分布曲线（计算题 7）

8．解：绘制分布曲线，如图 A-14 所示。

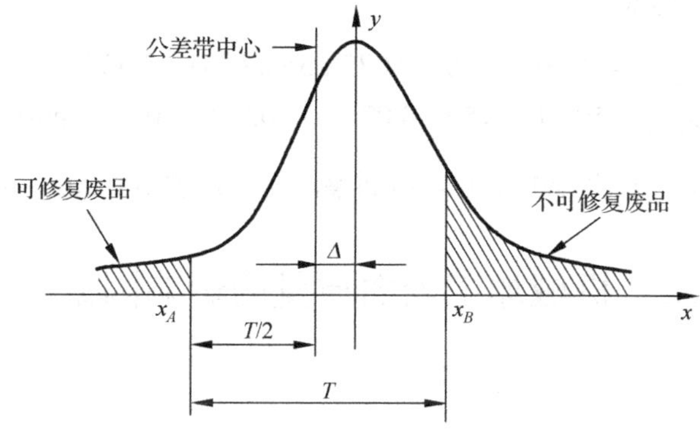

图 A-14　分布曲线（计算题 8）

合格率为 65.52%，不合格率为 34.48%，其中可修复废品率为 0.02%。

产生废品的原因主要是存在常值系统误差和随机误差。

减少废品措施：提高工艺系统的能力；消除常值系统误差。

9．解：废品率为 2.28%。

改进措施：将算术平均值移至公差带中心，即使砂轮向前移动 $\varDelta$，$\varDelta = 0.0035\text{mm}$。

10．解：据公式 $NB \approx NB_0 + \dfrac{K_{\text{NB}}l}{1000}$。

据题意，切削 50 个工件的切削长度：$l = \pi D \times \dfrac{1200}{f} \times 50$，又 YT15 刀具切 45 号钢时，$NB_0 = 8\mu\text{m}$，$K_{NB} = 8\mu\text{m/km}$。

则
$$NB \approx 8 + \frac{8\pi \times 60 \times \dfrac{1200}{0.2} \times 50}{1000 \times 1000} = 460(\mu\text{m}) = 0.46\text{mm}$$

工件直径增大至：60+2×0.46=60.92（mm），直径误差 0.92mm。

11．解：(1)第一台机床的精度：

$$6\sigma_1 = 6 \times 0.004 = 0.024(\text{mm})$$

$$C_{\text{p1}} = \frac{T}{6\sigma_1} = \frac{0.04}{0.024} = 1.67$$

第二台机床的精度：

$$6\sigma_2 = 6 \times 0.0025 = 0.015(\text{mm})$$

$$C_{\text{p2}} = \frac{T}{6\sigma_2} = \frac{0.04}{0.015} = 2.67$$

由于 $6\sigma_2 < 6\sigma_1$，故第二台机床的精度高，工序能力均足够。

(2)呈正态分布，无变值系统误差，但均有常值系统误差。

第一台机床加工的小轴，其直径全部落在公差内，故无废品。

第二台机床加工的小轴，有部分小轴的直径落在公差带外，成为可修复废品。

第二台机床产生废品的主要原因是刀具调整不当，使一批工件尺寸分布中心偏大于公差中心，从而产生可修复废品。

$$x_{2\max} = 50.015 - (50 - 0.025 + 3 \times 0.004) = 0.028(\text{mm})$$
$$x_{2\min} = 50.015 - (50 + 0.025 - 3 \times 0.004) = 0.002(\text{mm})$$

改进的办法是对第二台机床的车刀重新调整，使之再进给 0.002～0.028mm 为宜。

第七章　机械加工表面质量的影响因素及控制

一、判断题

1．×；2．√；3．×；4．×；5．×；6．√；7．√；8．×

二、选择题

(一)单项选择题

1. C；2. B；3. A；4. B；5. D；6. B；7. B；8. D

(二)多项选择题

1. ABD；2. ACD；3. ABCD

三、填空题

1. 几何形状、物理力学性能；
2. 工艺系统的固有；
3. 减小、增大、减小；
4. 表面粗糙度；
5. 表面粗糙度、波纹度、表面层的物理力学性能。

四、名词解释

1. 自激振动系统通过系统的初始振动将持续作用的能源转化为某种力的周期变化，而这种力的周期变化，反过来又使振动系统周期性地获得能量补充，从而弥补了振动时由于阻尼作用引起的能量消耗，以维持和发展系统的振动。

2. 在金属切削过程中，因刀具和工件表面的激烈挤压和摩擦，使已加工表面层的塑性变形非常强烈，晶格破坏，表层硬度提高的现象。

3. 机械加工中，零件金属表面层发生形状变化或组织改变时，在表层与基体交界处的晶粒间或原始晶胞内就产生相互平衡的弹性应力，这种应力属于微观应力。

4. 将刀具切削刃认为纯几何线时，切削刃相对于工件运动形成的表面微观不平度。

五、简答题

1. 答：自激振动系统通过系统的初始振动将持续作用的能源转化为某种力的周期变化，而这种力的周期变化，反过来又使振动系统周期性地获得能量补充，从而弥补了振动时由于阻尼作用引起的能量消耗，以维持和发展系统的振动。

对于切断及横向进给磨削时μ=1；车螺纹时μ=0，一般情况下 0 <μ< 1。如果μ>0，即说明有重叠部分存在，则工件上一转中如果留有振纹，就会引起下一转切削厚度的周期变化，这样必然引起切削力的周期变化，从而有可能引起工艺系统振动。这个振动又引起工件表面产生振纹，使得切削厚度发生变化，导致切削力作周期性变化。这种由切削厚度的变化而使切削力变化的效应称为再生效应，由此产生的自激振动称为再生自激振动。

如图 A-15 中(a)表示前一次走刀振纹 y_0 与后一次走刀振纹 y 无相位差，即 $\phi=0°$，切入和切出的半个周期内平均切削厚度是相等的，故切出时切削力所作的正功(获得能量)等于切入时所作的负功(消耗能量)，系统无能量获得。如图(b)表示 y_0 与 y 相位差反相 $\phi=\pi$ 时，切入与切出的半周期内平均切削厚度仍相等，系统仍无能量获得。如图(c)表示 y 超前于 y_0，即

$-\pi<\phi<0°$，此时切出半周期中的平均切削厚度比切入半周期的小，所作正功小于负功，系统也不会有能量获得。如图(d)中 y 滞后于 y_0，即 $0°<\phi<\pi$，此时切出比切入半周期中的平均切削厚度大，正功大于负功，系统有了能量获得，便产生了自激振动。不难看出，y 滞后于 y_0 是产生再生自激振动的必要条件。

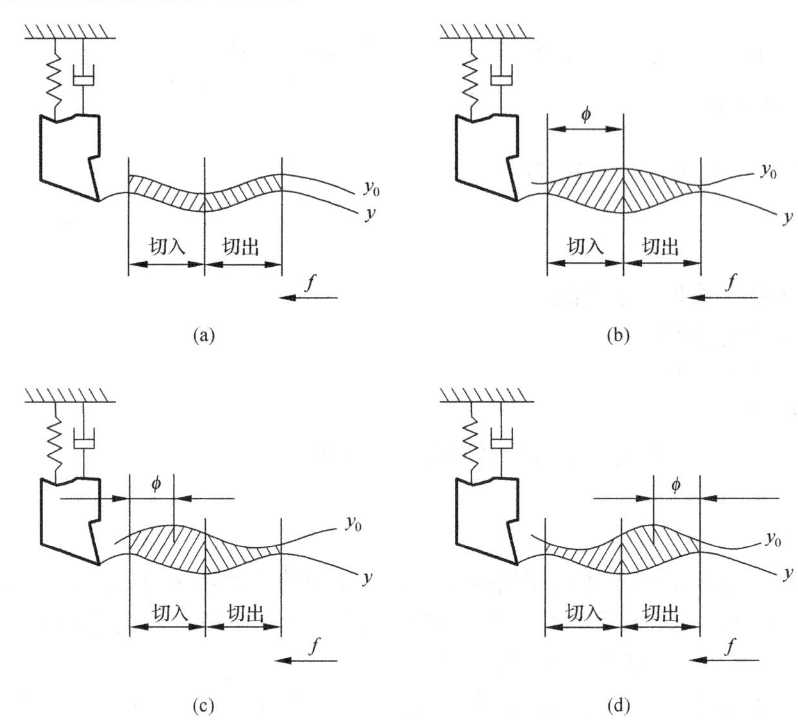

图 A-15　再生自激振动原理图

2．答：①自激振动是一种不衰减的振动。振动过程本身能引起某种力的周期变化。

②自激振动的频率等于或接近系统的固有频率，也就是说，由振动系统本身的参数所决定。

③自激振动的形成和持续是由切削过程而产生的，如若停止切削过程，即机床空运转，自激振动也就停止了。

④自激振动能否产生以及振幅的大小，取决于每一振动周期内系统所获得能量与所消耗的能量的对比情况。

由于周期性干扰力是由运动本身产生和控制的，因此颤振本身具有闭环自控特性，这是与强迫振动的本质区别。

3．答：①强迫振动是在外界周期性干扰力的作用下产生的，但振动本身并不能引起干扰力的变化。如作用在加工系统上的干扰力是简谐激振力 $F=F_0\sin\omega t$，则强迫振动的稳态过程也是简谐振动，只要这个激振力存在，该振动就不会被阻尼衰减掉。

②不管加工系统本身的固有频率多大，强迫振动的频率总与外界干扰力的频率相同或呈倍数关系。

③强迫振动振幅的大小在很大程度上取决于干扰力的频率 ω 与加工系统固有频率 ω_0 的比值，当 $\omega/\omega_0=1$ 时，振幅达最大值，此现象称“共振”。

④强迫振动振幅的大小除了与ω/ω_0有关，还与干扰力、系统刚度及阻尼系数有关。

4．答：①减少或消除工艺系统中回转零件的不平衡；②提高系统传动件的精度；③提高工艺系统的动态特性；④隔振；⑤消振。

5．答：①消除或控制自激振动产生的条件(减小切削或磨削的系数、尽量减小切削刚度系数、尽量增加切削阻尼、调整振动系统低刚度主轴位置)；②提高工艺系统的动态特性(提高工艺系统刚度、增加加工系统阻尼)；③采用减振装置。

6．答：磨削烧伤：当被磨工件的表面层的温度达到相变温度以上时，表面金属发生金相组织的变化，使表面层金属强度硬度降低，并伴随有残余应力的产生，甚至出现微观裂纹的现象。

磨削加工产生烧伤的主要原因是：①磨削过程复杂，单位磨削力很大，切深抗力大，磨削速度高，磨削温度高。②因气流问题，切削液不能充分冷却工件。

影响因素：合理选择磨削用量；工件材料；正确选择砂轮；改善冷却条件。

7．答：回火烧伤：工件表面原来的马氏体组织将转化成回火屈氏体、索氏体等与回火组织相近的组织，使表面层硬度低于磨削前的硬度。

淬火烧伤：马氏体转变为奥氏体，又由于冷却液的急剧冷却发生二次淬火现象，使表面出现二次淬火马氏体组织，硬度比原来的回火马氏体高。

退火烧伤：磨削区温度超过了相变温度，而磨削区域又无冷却液进入，表层金属将产生退火组织，表面硬度将急剧下降。

8．答：影响一：表面粗糙度对耐磨性的影响。表面粗糙度对耐磨性有一个最佳值，即过大或过小的粗糙度都会引起零件的严重磨损。粗糙度过小引起严重磨损的原因是润滑油被挤出，产生分子间的亲和力，使表面出现咬焊。表面粗糙度的轮廓形状及加工的纹路方向对零件的耐磨性也有显著的影响。

影响二：表面加工硬化对耐磨性的影响。加工表面的加工硬化使摩擦副表面层金属的显微硬度提高，故一般可使耐磨性提高。过分的加工硬化将引起金属组织过度疏松甚至出现裂纹和表层金属的剥落，使耐磨性下降。

9．答：影响因素：①积屑瘤(对粗加工有利，对精加工有害。积屑瘤的硬度高于刀具的硬度，故可使表面粗糙度增大)；②鳞刺(使得表面粗糙度值增大)；③切削机理；④切削颤振；⑤切削刃的损坏。

控制措施：①刀具参数(减小主偏角、副偏角；增大刀尖圆弧半径；增大前角；采用宽刃刨刀或车刀以及带有修光刃的端铣刀；提高刀具切削刃的刃磨质量；严格控制刀具磨损值和切削刃的破损)；②工件材料与处理(通常在加工前进行调质处理)；③切削条件的控制(避开积屑瘤生长的切削速度区；减小进给量；合理选择切削液；防止机床与工艺系统振动)。

10．答：机械加工中，零件金属表面层发生形状变化或组织改变时，在表层与基体交界处的晶粒间或原始晶胞内就产生相互平衡的弹性应力，这种应力属于微观应力，称为残余应力。

原因：①热塑性变形；②冷态塑性变形；③局部金相组织变化。机械加工后表层的残余应力是以上三种因素共同作用的结果。

11．答：机器零件失效的形式为疲劳破坏、滑动磨损和滚动磨损。滑动磨损和滚动磨损是从表层开始的，疲劳破坏也是从表层开始的。表层的残余应力和冷作硬化使零件表面出现微小裂纹和缺陷，在载荷、摩擦作用下，这些微小裂纹和缺陷会逐渐扩展，导致机器零件失效破坏。

12．答：机械加工以后零件表层产生加工硬化是切削过程中塑性变形引起的，塑性变形导致表层金属位错、晶格扭曲，故产生冷作硬化现象；加工残余应力是加工过程中不均匀受热、不均匀冷却及金相组织变化造成的。工件表面加工硬化和残余应力是机械加工之后不可避免的现象，可以通过热处理方式消除，也可以通过特殊的加工工艺减小冷作硬化的程度、控制残余应力的方向。

第八章　机器的装配

一、判断题

1．√；2．×；3．×；4．×；5．×；6．√；7．√；8．×；9．√；10．√

二、选择题

1．B；2．D；3．D；4．A；5．A

三、填空题

1．相等；
2．极值法、概率法；
3．互换装配法；
4．大量、小于；
5．修配法、调整法；
6．机器装配。

四、名词解释

1．零件按图纸公差加工，装配时不需要经过任何选择、修配和调节，就能达到规定的装配精度和技术要求的方法。

2．在装配时由相关零件的尺寸组成的封闭的尺寸组合。

3．将尺寸链中组成环的公差放大到经济可行的程度，然后选择合适的零件进行装配，以保证规定的装配精度。

4．在装配时根据实际测量结果，改变尺寸链中某一预定组成环的尺寸或者就地配制这个组成环，使封闭环达到规定的精度。

5．装配时用改变产品中可调件的相对位置或选用大小合适的调整件来达到装配精度的方法。

6．指机器中相关零部件的距离精度和相互位置精度。

7．指有相对运动的零部件在相对运动方向和相对运动速度方向的精度。

8．指两个零件配合表面之间达到规定的配合间隙或过盈的程度。

9．指两配合或连接表面间达到规定的接触面积的大小和接触点分布的情况。

10．在尺寸链中选定(或加入)一个零件作为调整环。作为调整环的零件是按一定尺寸间隔级别而制成的一组专门零件，根据装配时的需要，选用其中某一级别的零件来做补偿，从而保证所需要的装配精度。

五、简答题

1．答：装配精度是装配质量的具体体现，包括以下内容。

(1)装配位置精度：①零部件之间的距离精度；②零部件之间的相互位置精度。

(2)运动精度：①相对运动方向精度，即相对运动的平行度、垂直度等；②相对运动速度精度，即传动精度，包括宏观和微观两个方面。

(3)配合质量和接触质量。

零件的精度特别是关键零件的精度直接影响相应的部件和机器的装配精度。一般情况下，装配精度高，则必须提高各相关零件的相关精度。

2．答：见下表。

<table>
<tr><th colspan="2" rowspan="2">装配方法</th><th colspan="2">特点</th><th rowspan="2">互换性</th><th rowspan="2">尺寸链长短</th><th rowspan="2">生产类型</th><th rowspan="2">对工人要求</th></tr>
<tr><th>零件精度要求</th><th>适用装配精度</th></tr>
<tr><td rowspan="2">互换法</td><td>完全互换法</td><td>高</td><td>不太高</td><td>完全互换</td><td>短</td><td>大批量生产</td><td>低</td></tr>
<tr><td>不完全互换法</td><td>较高</td><td>不太高</td><td>不完全互换</td><td>较短</td><td>大批量生产</td><td>低</td></tr>
<tr><td colspan="2">选择装配法</td><td>经济精度</td><td>高</td><td>组内互换</td><td>短</td><td>大批量生产</td><td>低</td></tr>
<tr><td colspan="2">修配法</td><td>经济精度</td><td>高</td><td>无互换</td><td>长</td><td>成批或单件</td><td>高</td></tr>
<tr><td colspan="2">调整法</td><td>经济精度</td><td>高</td><td>无互换</td><td>长</td><td>大批量生产</td><td>高</td></tr>
</table>

3．答：完全互换装配法：采用极值法计算尺寸链，装配时各组成环不需要挑选或修配，就能达到装配精度要求的装配方法。适用于大批大量或成批生产中装配组成环较少、装配精度要求不高的机器结构。

统计互换装配法：采用统计法计算尺寸链，装配时各组成环不需要挑选或修配，就能保证绝大部分能够达到装配精度要求的装配方法。适用于大批大量或成批生产中装配那些精度要求较高且组成环较多的机器结构。

两种方法相同点：装配方法相同，装配时不需要修配，拿来就装。

不同之处：完全互换法对组成环公差要求较严，制造困难，加工成本高，装配合格率很高；统计互换法对组成环公差要求较不高，加工成本较低，但会出现少量不合格品。

4．答：机械装配是产品制造过程中最后一个阶段，它包括装配、调整、检验和试验等工作。装配工作有以下基本内容：①清洗；②连接；③校正、调整与配作；④平衡；⑤验收试验。

5．答：主要内容包括：①划分装配单元，确定装配方法；②拟定装配顺序，划分装配工序；③计算装配时间定额；④确定各工序装配技术要求，制定质量检查方法和工具；⑤确定装配时零部件的输送方法及所需要的设备和工具；⑥选择和设计装配过程中所需的工具、夹具和专用设备。

步骤：①研究产品的装配图和验收技术条件；②确定装配的组织形式；③划分装配单元，确定装配顺序。

6．答：①工件的预先处理；清洗、去毛刺等；②先基准件、重大件的装配，以保证装配过程的稳定性；③先复杂件、精密件和难装配件的装配；④先进行易破坏后续装配质量的工作；⑤集中安排使用相同设备及工艺装备的装配；⑥处于基准件同一方位的装配应尽可能集中进行；⑦电线、油气管路的安装应与相应工序同时进行；⑧易燃、易爆、易碎、有毒物质或零部件的装配，尽可能放在最后，以减少安全防护工作量。

7．答：选择装配法有直接选配法、分组选配法、复合选配法。

分组装配法是将组成环的公差按互换装配法中极值解法所求得的值放大倍数(一般为2～4 倍)，使之能按经济精度加工，然后按零件测量和分组，再按对应组分别进行装配，满足原定装配精度的要求。由于同组零件可以进行互换，又称为分组互换法。常用于大批量生产中对装配精度要求很高而组成环较少的情况。

8．答：修配装配法简称修配法，就是在装配时根据实际测量结果，改变尺寸链中某一预定组成环的尺寸或者就地配制这个组成环，使封闭环达到规定的精度。适用于成批生产和单件生产。

为使装配过程中能够通过修配环来满足装配要求，就必须使装配后所得封闭环的实际尺寸 $A'_{0\max}$ 任何情况下都不能大于规定的封闭环的最大值 $A_{0\max}$，为使修配劳动量最少，应使 $A'_{0\max}=A_{0\max}$。根据这一关系，修配环被修配，封闭环变大时的计算关系式为：$A'_{0\max}=A'+\mathrm{ES}'_0=A'_0+\Delta'_0+\dfrac{1}{2}T'_0$，即 $\Delta'_0+\dfrac{1}{2}T'_0=\Delta_0+\dfrac{1}{2}T_0$。当各组成环的公差按照公差经济加工精度确定以及除修配环外的各组成环的公差带位置确定后，利用该式就可以确定出修配环的公差带位置。

9．答：①对其他尺寸链没有影响；②易于加工、易于测量；③装拆方便；④没有经过表面处理。

10．答：①当组成环是标准件时，其公差值按标准规定值，不得自行更改。

②当组成环是几个装配尺寸链的公共环时，按对其要求最严的尺寸链确定其公差值，对其他尺寸链，其公差及偏差也是已知值。

③尺寸相近、加工方法相同的组成环，其公差值相等。

④难加工或难测量的组成环，其公差可适当放大，各组成环的公差尽量取成标准值。

⑤取一组成环作为协调环，其公差和偏差待其他组成环确定后，将协调环的公差及偏差按尺寸链公式计算确定。协调环应选择易加工、易测量的组成环，不要选择公共环作为组成环。

⑥按入体原则确定其余组成环的偏差。

11．答：①零件的加工精度(自身精度的高低、精度的一致性)；②零件之间的配合精度及接触质量；③力、热、内应力等引起的零件变形；④旋转零件的不平衡。

六、计算题

1．解：

(1)计算封闭环基本尺寸：

$$\text{由于 } A_0=A_1-A_2-A_3=40-36-4=0\text{；}\quad A_0=0_{0.1}^{0.25}\ \text{mm}$$

(2)计算封闭环公差：

$$T_0=0.25-0.1=0.15(\text{mm})$$

(3)确定各组成环的公差：首先，按等公差法初步确定各组成环公差，$T_{\text{iavr}}=\dfrac{T_0}{3}=0.05\text{mm}$，考虑到 A_3 容易加工，取 A_3 为协调环，则 A_1 和 A_2 在同一尺寸间隔，取 IT9 级精度，$T_1=T_2=0.062\text{mm}$，则

$$T_3=0.15-0.062-0.062=0.026(\text{mm})$$

(4) 确定各组成环极限偏差。按照对称原则：$A_2=36\text{h}9=36_{-0.062}^{\ 0}\text{mm}$，按入体原则：$A_1=40\text{js}9=40\pm0.031\text{mm}$，由于 $\text{ES}_0=\text{ES}_1-\text{EI}_2-\text{EI}_3$，所以

$$\text{EI}_3=\text{ES}_1-\text{EI}_2-\text{ES}_0=0.031-(-0.062)-0.25=-0.157(\text{mm})$$

由于 $\text{EI}_0=\text{EI}_1-\text{ES}_2-\text{ES}_3$，所以

$$\text{ES}_3=\text{EI}_1-\text{ES}_2-\text{EI}_0=-0.031-0-0.1=-0.131(\text{mm})$$

所以，$A_3=4_{-0.157}^{-0.131}\text{mm}$。

(5) 校核封闭环的极限尺寸：

$$A_{0\max}=A_{1\max}-A_{2\min}-A_{3\min}=40.031-(36-0.062)-(4-0.157)=0.25(\text{mm})$$

$$A_{0\min}=A_{1\min}-A_{2\max}-A_{3\max}=(40-0.031)-36-(4-0.131)=0.1(\text{mm})$$

符合要求。

2．解：尺寸链如图 A-16 所示，其中 A_1 为孔的直径 $A_1=80_{\ 0}^{+0.20}\text{mm}$，$A_2$ 为轴的直径 $A_2=80_{-0.10}^{\ 0}\text{mm}$，$A_0$ 为所求间隙，为封闭环。

①极值法求解：$A_0=0$

$\text{EI}_0=\text{ES}_1-\text{EI}_2=0.2-(-0.1)=0.3$，　$\text{EI}_0=\text{EI}_1-\text{ES}_2=0$

故 $A_0=0_{\ 0}^{+0.3}\text{mm}$，$T_0=0.3\text{mm}$。

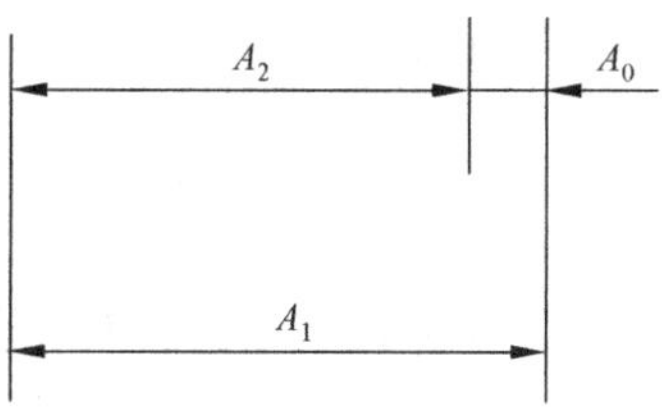

图 A-16　尺寸链图

②概率法求解：

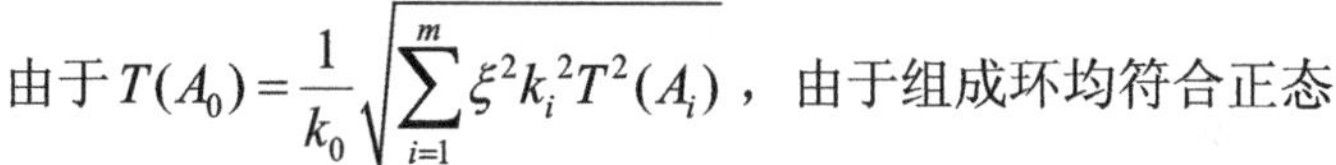
由于 $T(A_0)=\frac{1}{k_0}\sqrt{\sum_{i=1}^{m}\xi^2k_i^2T^2(A_i)}$，由于组成环均符合正态分布，$\xi^2=1$，$k_i=k_0=1$，则

$$T(A_0)=\sqrt{T^2(A_1)+T^2(A_2)}=\sqrt{0.2^2+0.1^2}=0.2236$$

由于 $\varDelta_0=\sum_{i=1}^{m}\xi_i\left[\varDelta_i+e_iT(A_i)/2\right]$；$e_i=0$；$\varDelta_1=\frac{(\text{ES}_1+\text{EI}_1)}{2}=\frac{(0.2+0)}{2}=0.1$；$\varDelta_2=\frac{(\text{ES}_2+\text{EI}_2)}{2}=\frac{(0+(-0.1))}{2}=-0.05$；故 $\varDelta_0=\varDelta_1-\varDelta_2=0.1-(-0.05)=0.15$，

$$\text{ES}_0=\varDelta_0+\frac{T(A_0)}{2}=0.15+\frac{0.2236}{2}=0.2618(\text{mm})$$

$$\text{EI}_0=\varDelta_0-\frac{T(A_0)}{2}=0.15-\frac{0.2236}{2}=0.0382(\text{mm})$$

所以，$A_0=0_{+0.0382}^{+0.2618}\text{mm}$，概率法得到的封闭环公差小于极值法计算得到的公差。

3．解：建立装配尺寸链：选 A_1 为协调环，平均公差 $T_{\bar{A}}=\frac{T_{A_0}}{3}=\frac{0.15}{3}=0.05(\text{mm})$。取公差等级 IT8，$T_{A_2}=0.039\text{mm}$，$T_{A_3}=0.018\text{mm}$，则 $A_2=36_{-0.039}^{\ 0}\text{mm}$，$A_3=4_{-0.018}^{\ 0}\text{mm}$。则 $A_1=40_{+0.1}^{+0.193}\text{mm}$。(注：若选其他环为协调环或组成环，公差选其他等级，计算结果正确也可。)

4．解：(1) 极值法。

①建立尺寸链如图 A-17，并确定 A_2、A_3 为增环，A_1 为减环。

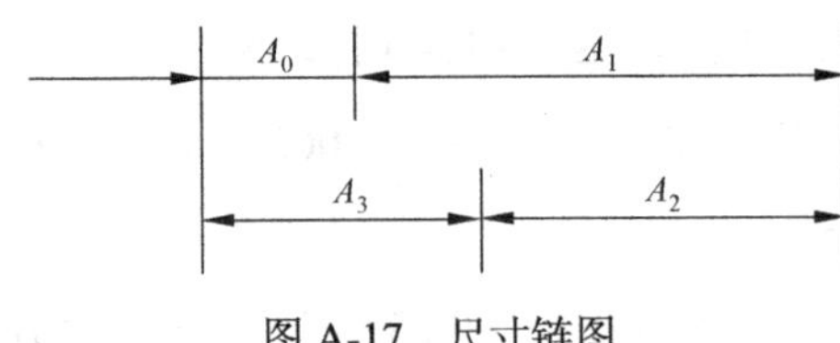

图 A-17　尺寸链图

②计算封闭环的基本尺寸：$A_0 = [(30+16)-46] = 0$

③ 计算封闭环的上、下偏差：

$$ES = [(0.03+0.06)-(-0.04)] = 0.13(mm)$$

$$EI = [(0.03+0)-0] = 0.03(mm)$$

封闭环尺寸 $A_0 = 0^{+0.13}_{+0.03}mm$，即 $A_0 = 0.03 \sim 0.13mm$。

(2) 概率法。

①计算封闭环的基本尺寸：$A_0 = 0$

②计算封闭环平均偏差：

$$\overline{X} = \left[\left(\frac{0.03+0}{2}+\frac{0.06+0.03}{2}\right)-\left(\frac{0-0.04}{2}\right)\right] = 0.08(mm)$$

③计算封闭环的公差，设备组成环呈正态分布：

$$T = \sqrt{0.04^2+0.03^2+0.03^2} = 0.058(mm)$$

封闭环尺寸：$A_0 = \left(0+0.08 \pm \frac{0.058}{2}\right)mm$

5．解：(1) 画出装配尺寸链图，校验各环基本尺寸。按题意，轴向间隙为 0.10～0.35mm，则封闭环 $L_0 = 0^{+0.35}_{+0.10}mm$，封闭环公差 $T_0 = 0.25mm$，本尺寸链共有 5 个组成环，其中 L_3 为增环，其传递系数 $\xi_3 = +1$，L_1、L_2、L_4、L_5 都是减环，相应传递系数 $\xi_1 = \xi_2 = \xi_4 = \xi_5 = -1$，装配尺寸链如图 8-4 所示。

封闭环基本尺寸为

$$A_0 = \sum_{i=1}^{m} \xi_i l_i = L_3 - (L_1 + L_2 + L_4 + L_5) = 43 - (30+5+3+5) = 0(mm)$$

由计算可知，各组成环基本尺寸的已定数值无误。

(2) 确定各组成环和极限偏差。先决定各组成环平均极限公差

$$T_{avl} = \frac{T_0}{\sum_{i=1}^{m}|\xi_i|} = \frac{T_0}{m} = \frac{0.25}{5} = 0.5mm$$

根据各组成环基本尺寸大小与零件加工难易程度，以平均极值公差为基础，确定各组成环的极值公差：L_5 为一垫片，易于加工，且其尺寸可用通用量具测量，故选为协调环。L_4 为标准件，其公差和极限偏差为已定值。即 $L_4 = 3^{\ 0}_{-0.05}mm$，$T_4 = 0.05mm$，其余取 $T_1 = 0.06mm$，

$T_2 = 0.04\text{mm}$，$T_3 = 0.07\text{mm}$，各组成环公差等级约为 IT9。

L_1、L_2 为外尺寸，按基轴制(h)确定：$L_1 = 30_{-0.06}^{\ 0}\text{mm}$，$L_2 = 5_{-0.04}^{\ 0}\text{mm}$。$L_3$ 为内尺寸，按基孔制(H)确定：$L_3 = 43_{\ 0}^{+0.07}\text{mm}$。

封闭环的中间偏差为

$$\Delta_0 = \frac{\text{ES}_0 + \text{EI}_0}{2} = \frac{0.35 + 0.10}{2} = 0.225(\text{mm})$$

各组成环的中间偏差为

$$\Delta_1 = -0.03\text{mm}，\ \Delta_2 = -0.02\text{mm}，\ \Delta_3 = -0.035\text{mm}，\ \Delta_4 = -0.025\text{mm}$$

(3) 计算协调环极值公差和极限偏差。

协调环 L_5 的极值公差为

$$T_5 = T_0 - (T_1 + T_2 + T_3 + T_4) = 0.25 - (0.06 + 0.04 + 0.07 + 0.05) = 0.03(\text{mm})$$

协调环 L_5 的中间偏差为

$$\Delta_5 = \Delta_3 - \Delta_0 - \Delta_1 - \Delta_2 - \Delta_4 = 0.035 - 0.225 - (-0.03) - (-0.02) - (-0.025) = -0.115(\text{mm})$$

协调环 L_5 的极限偏差 ES_5、EI_5 为

$$\text{ES}_5 = \Delta_5 + \frac{T_5}{2} = -0.115 + \frac{0.03}{2} = -0.10(\text{mm})$$

$$\text{EI}_5 = \Delta_5 - \frac{T_5}{2} = -0.115 - \frac{0.03}{2} = -0.13(\text{mm})$$

于是 $L_5 = 5_{-0.13}^{-0.10}\text{mm}$，最后得各组成环尺寸和极限偏差为：$L_1 = 30_{-0.06}^{\ 0}\text{mm}$，$L_2 = 5_{-0.04}^{\ 0}\text{mm}$，$L_3 = 43_{\ 0}^{+0.07}\text{mm}$，$L_4 = 3_{-0.05}^{\ 0}\text{mm}$，$L_5 = 5_{-0.13}^{-0.10}\text{mm}$。

6．解：(1) 画装配尺寸链图、校验各组成环基本尺寸，与上一题过程相同。

(2) 确定各组成环平均平方公差。首先确定置信水平 P 和封闭环相对分布系数 K_0，然后按统计资料确定组成环的相对分布系数 K_i。

当置信水平取 $P = 99.73\%$，$K_0 = 1$，组成环为正态分布，$K_i = 1$，则各组成环平均平方公差为

$$T_{\text{avq}} = \frac{T_0}{\sqrt{m}} = \frac{0.25}{\sqrt{5}} \approx 0.11(\text{mm})$$

当置信水平取 $P = 95.44\%$，$K_0 = 1.5$，组成环为正态分布，$K_i = 1$ 时，各组成环平均统计公差为

$$T_{\text{avs}} = \frac{K_0 \cdot T_0}{\sqrt{m}} = \frac{1.5 \times 0.25}{\sqrt{5}} \approx 0.16(\text{mm})$$

从以上数据看出，由于组成环公差增大，降低了置信水平，从而增加了废品率，因此应根据技术经济效果，慎重确定置信水平，故一般取废品率不大于 0.27%，即 $P = 99.73\%$ 时计算。

(3) 确定各组成环公差和极限偏差。L_3 为一轴类零件，与其他组成环相比较难加工，现

选择较难加工零件L_3为协调环，然后根据各组成环基本尺寸和零件加工难易程度，以平均平方公差为基础，从严选取各组成环公差：$T_1 = 0.14\text{mm}$，$T_2 = T_5 = 0.08\text{mm}$，其公差等级约为IT10，$L_3 = 3_{-0.05}^{\ 0}\text{mm}$(标准件)，$T_4 = 0.05\text{mm}$；$L_1$、$L_2$、$L_5$皆为外尺寸，其极限偏差按基轴制(h)确定，即$L_1 = 30_{-0.14}^{\ 0}\text{mm}$，$L_2 = 5_{-0.08}^{\ 0}\text{mm}$，$L_5 = 5_{-0.08}^{\ 0}\text{mm}$。

各环的中间偏差分别为

$\varDelta_0 = 0.225\text{mm}$，$\varDelta_1 = -0.07\text{mm}$，$\varDelta_2 = -0.04\text{mm}$，$\varDelta_4 = -0.025\text{mm}$，$\varDelta_5 = -0.04\text{mm}$

(4)计算协调环公差和极限偏差。

$$T_3 = \sqrt{T_0^2 - (T_1^2 + T_2^2 + T_4^2 + T_5^2)}$$
$$= \sqrt{0.25^2 - (0.14^2 + 0.08^2 + 0.05^2 + 0.08^2)} = 0.16(\text{mm})\ (\text{只舍不进})$$

协调环L_3的中间偏差为

$$\varDelta_0 = \sum_{i=1}^{m} \xi_i \varDelta_i$$

$$\varDelta_0 = \varDelta_3 - (\varDelta_1 + \varDelta_2 + \varDelta_4 + \varDelta_5)$$

$$\varDelta_3 = \varDelta_0 + (\varDelta_1 + \varDelta_2 + \varDelta_4 + \varDelta_5) == 0.225 + (-0.07 - 0.04 - 0.025 - 0.04) = 0.05(\text{mm})$$

协调环L_3的上、下偏差为

$$\text{ES}_3 = \varDelta_3 + \frac{T_3}{2} = 0.05 + \frac{0.16}{2} = 0.13(\text{mm})$$
$$\text{EI}_3 = \varDelta_3 - \frac{T_3}{2} = 0.05 - \frac{0.16}{2} = -0.03(\text{mm})$$

所以$L_3 = 43_{-0.03}^{+0.13}\text{mm}$。

最后可得各组成环分别为

$L_1 = 30_{-0.14}^{\ 0}\text{mm}$，$L_2 = 5_{-0.08}^{\ 0}\text{mm}$，$L_3 = 43_{-0.03}^{+0.13}\text{mm}$，$L_4 = 3_{-0.05}^{\ 0}\text{mm}$，$L_5 = 5_{-0.08}^{\ 0}\text{mm}$

计算结果表明，采用大数互换法装配时，其组成环平均公差将扩大$\sqrt{m}$倍，即$\dfrac{T_{\text{avQ}}}{T_{\text{avL}}} = \dfrac{0.11}{0.05} \approx \sqrt{5}$。各零件加工精度由IT9下降到IT10，加工成本将有所下降，而装配后会出现不合格率仅为0.27%。

7．解：(1)画装配尺寸链图，校验各环基本尺寸。按题意确定封闭环$A_0 = 0_{+0.03}^{+0.06}\text{mm}$，$T_0 = 0.03\text{mm}$，$\varDelta_0 = +0.045\text{mm}$。

查找有关尺寸建立尺寸链，其中A_1为减环$\xi_1 = -1$，A_2、A_3为增环，$\xi_2 = \xi_3 = +1$。

校核封闭环基本尺寸：$A_0 = \sum\limits_{i=1}^{m} \xi_i A_i = (A_2 + A_3 - A_1) = (30 + 130) - 160 = 0(\text{mm})$

按完全互换法的极值公式计算各组成环平均公差：$T_{\text{avL}} = \dfrac{T_0}{m} = \dfrac{0.03}{3} = 0.01(\text{mm})$

显然，各组成环公差太小，零件加工困难。所以在生产中常按经济加工精度规定各组成环的公差，而在装配时采用修配法。

(2)选择补偿环。组成环 A_2（增环）为尾座底板，其加工表面形状简单；而且面积不大，装卸方便，便于修配(如刮、磨)，故选定 A_2 为补偿环。

(3)按加工经济精度确定各组成环的公差及其偏差。A_1、A_3 可采用镗模镗削加工，故取 $T_1 = T_3 = 0.10\text{mm}$，$A_2$ 底板因要修配，故按半精刨加工，取 $T_2 = 0.15\text{mm}$。A_1 和 A_3 都是表示孔位置的尺寸，故公差常选为对称分布，即

$$A_1 = 160^{\pm 0.05}\text{mm}, \quad \Delta_1 = 0\text{mm}$$

$$A_3 = 130^{\pm 0.05}\text{mm}, \quad \Delta_3 = 0\text{mm}$$

(4)计算封闭环极值公差：

$$T_{01} = \sum_{i=1}^{m} |\xi_i| T_i = T_1 + T_2 + T_3 = 0.1 + 0.15 + 0.1 = 0.35(\text{mm})$$

(5)计算补偿环 A_2 的补偿量：$F = T_{ol} - T_0 = 0.35 - 0.03 = 0.32(\text{mm})$

(6)计算补偿环 A_2 的极限偏差。

补偿环 A_2 的中间偏差为

$$\Delta_0 = \sum_{i=1}^{m} \xi_i \Delta_i = (\Delta_2 + \Delta_3) - \Delta_1$$

$$\Delta_2 = \Delta_0 + \Delta_1 - \Delta_3 = 0.045 + 0 - 0 = 0.045(\text{mm})$$

补偿环 A_2 的极限偏差为

$$\text{ES}_2 = \Delta_2 + \frac{T_2}{2} = 0.045 + \frac{0.15}{2} = 0.120(\text{mm})$$

$$\text{EI}_2 = \Delta_2 - \frac{T_2}{2} = 0.045 - \frac{0.15}{2} = -0.030(\text{mm})$$

所以补偿环 A_2 尺寸初定为 $A_2' = 30^{+0.12}_{-0.30}\text{mm}$。

验算封闭环极限偏差：

$$\text{ES}_0' = \Delta_0 + \frac{1}{2}T_{0\text{L}} = 0.045 + \frac{1}{2} \times 0.35 = +0.220(\text{mm})$$

$$\text{EI}_0' = \Delta - \frac{1}{2}T_{0\text{L}} = 0.045 - \frac{1}{2} \times 0.35 = -0.130(\text{mm})$$

由装配要求 $\text{ES}_0 = 0.06\text{mm}$，$\text{EI}_0 = 0.03\text{mm}$ 与 ES_0' 和 EI_0' 比较，$\text{ES}_0' > \text{ES}_0$。当补偿环 A_2（增环）被修配后，底板尺寸减小，尾座中心线降低，即封闭环尺寸变小，这时有修配量为 $\text{ES}_0' - \text{ES}_0 = 0.220 - 0.06 = 0.16(\text{mm})$，$\text{EI}_0' < \text{EI}_0$。当补偿环 A_2（增环）被修配时，则没有修配量，按修配量足够且最小的原则，必须把初定的 A_2' 尺寸增加 $|\text{EI}_0' - \text{EI}_0| = |-0.13 - 0.03| = 0.16(\text{mm})$，为 $A_2'' = (A_2' + 0.16)^{+0.12}_{-0.03} = 30.16^{+0.12}_{-0.03} = 30^{+0.28}_{+0.13}(\text{mm})$ 才能满足 $\text{EI}_0'' = \text{EI}_0' = \text{EI}_0 = +0.03\text{mm}$（即 $A_{0\min}'' = A_{0\min}' = A_{0\min}$），见图 A-18。

(7)验算修配量是否合适。

修配量可按 $F = T_{0\text{L}} - T_0 = +0.32\text{mm}$。

也可根据补偿环增大尺寸后的数值 A_2'' 来计算封闭环 A_0''，再比较后得出：

$$ES_0'' = ES_0' + 0.16 = 0.22 + 0.16 = +0.38(mm)$$
$$EI_0'' = EI_0' + 0.16 = -0.13 + 0.16 = +0.03(mm)$$
$$F_{max} = ES_0'' - ES_0 = 0.38 - 0.06 = 0.32(mm)$$
$$F_{min} = EI_0'' - EI_0 = 0.03 - 0.03 = 0(mm)$$

因补偿环 A_2 之底面有平面度(或有较小的表面粗糙度)要求及表面有存油要求，需保证有最小修配量 $F_{min} = 0.05 \sim 0.15mm$，现取 $F_{min} = 0.1mm$，因此必须再把 A_2'' 的尺寸加大 0.1mm，即这时 $A_2''' = (A_2'' + 0.1)_{+0.13}^{+0.28} = 30_{+0.23}^{+0.38}mm$。于是 $F'_{max} = F_{max} + 0.1 = 0.32 + 0.1 = 0.42(mm)$。

由上例可见，补偿环为增环时，为保证装配时能够在现场加工所需的足够修配量，若 $ES_0' > ES_0$、$EI_0' > EI_0$ 且能保证有 F_{min}，则补偿环的基本尺寸不必改动，否则将按上例计算后确定。

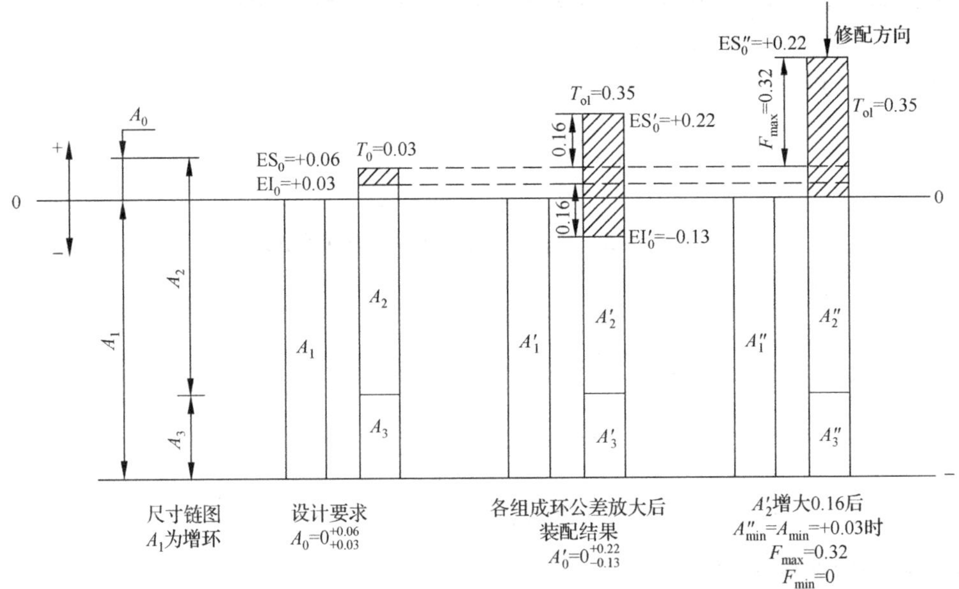

图 A-18　保证车床床头尾座等高性时修配环及修配量的确定(修配环为增环)

8．解：(1) $A_1 = 20mm$，$T_1 = \dfrac{0.07}{2} = 0.035mm$，$A_2 = 20_{+0}^{+0.035}mm$，$A_0 = 0_{+0.08}^{+0.15}mm$，由于 $A_{0max} = A_{2max} - A_{1min}$，则有 $A_{1min} = A_{2max} - A_{0max}$。

代入数据，则有

$$A_{1min} = 20 + 0.035 - 0.15 = 20 - 0.115 = 19.885(mm)，\quad A_{1max} = 20 - 0.08$$

故可得，$A_1 = 20_{-0.115}^{-0.08}mm$

(2)修配使 A_0 变大，故 $A'_{0max} = A_{0max} = A_{2max} - A_{1min}$。由此可得，$A_{1min} = A_{2max} - A_{0max}$ 代入数据，有

$$A_{1min} = 20 + 0.13 - 0.15 = 20 - 0.02 = 19.98mm，\quad A_{1max} = 20 \pm 0.03$$

故 $A_1 = 20_{-0.02}^{+0.03}mm$，$F_{max} = 0.18 - 0.07 = 0.11$

试题一答案

一、填空题(共 25 分)

1．原材料、产品；
2．机床、刀具、夹具、工件；
3．前角、后角、主偏角、副偏角、刃倾角；
4．轨迹法、成形法、相切法、展成法；
5．定位元件、夹紧装置、对刀和引导元件、夹具体、其他元件；
6．极值法、概率法；
7．直线尺寸链、平面尺寸链、角度尺寸链、空间尺寸链；
8．去除成形、堆积成形、受迫成形；
9．尺寸参数、运动参数、动力参数。

二、简答题(共 25 分)

1．答：①当必须保证不加工表面与加工表面间相互位置关系时，应选择该不加工表面为粗基准。如果零件上有多个不加工表面，则选择其中与加工表面相互位置要求高的表面为粗基准。(1 分)

②对于有较多加工表面而不加工表面与加工表面间位置要求不严格的零件，粗基准选择应能保证合理地分配各加工表面的余量。使各加工表面都有足够的加工余量；尽可能地使某些重要表面(如机床床身的导轨表面)上的余量均匀；对有较高耐磨性要求的铸造工作表面，要使其加工余量尽量小，从而保留结晶细密耐磨性好的金属层；以及应使零件各加工表面上总的金属切除量为最少。(2 分)

③选作粗基准的毛坯表面应尽量光滑平整，不应有浇口、冒口的残迹及飞边等缺陷，以免增大定位误差，并使零件夹紧可靠。(1 分)

④粗基准应尽量避免重复使用，原则上只能在第一道工序中使用。(1 分)

2．答：刀具材料应具备的性能：①高于工件材料的硬度，否则无法切入工件；②为了承受切削力和切削过程中的冲击和振动，应有足够的强度和韧性；③有好的抵抗磨损的能力；④在高切削温度下保持高硬度、高强度的性能，即耐热性，并有良好的抗扩散、抗氧化的能力；⑤尽量大的导热系数和小的线膨胀系数，这样由刀具传导出去的热量多，有利于降低切削温度和提高刀具的使用寿命，并可减少刀具的热变形；⑥ 为便于制造刀具和有高的性能价格比，要具有良好的工艺性和经济性。(3 分)

常用的刀具材料有高速钢、硬质合金、陶瓷材料、涂层刀具、金刚石、立方氮化硼。(2 分)

3．答：机床夹具一般由以下几部分组成：①定位元件；②夹紧装置；③对刀和引导元件；④夹具体；⑤其他元件。根据夹具的特殊功能需要而设置的元件或装置，如分度、转位装置等。(1 分)

机床夹具的主要作用如下。①保证加工精度；②提高劳动生产率；③降低对工人的技术要求和减轻工人的劳动强度；④扩大机床的加工范围。(4 分)

4．答：自激振动的特点如下。

①自激振动是一种不衰减的振动。振动过程本身能引起某种力的周期变化。

②自激振动的频率等于或接近系统的固有频率，也就是说，由振动系统本身的参数所决定。

③自激振动的形成和持续是由切削过程而产生的，如若停止切削过程，即机床空运转，自激振动也就停止了。

④自激振动能否产生以及振幅的大小，取决于每一振动周期内系统所获得能量与所消耗的能量的对比情况。(5 分)

5．答：机器的装配精度包括：

①零部件间的位置精度和运动精度。其中，位置精度是指机器中相关零部件的距离精度和相互位置精度。运动精度是指有相对运动的零部件在相对运动方向和相对运动速度方向的精度。②配合表面间的配合质量和接触质量。(3 分)

保证装配精度的方法有互换装配法、选择装配法、修配装配法、调整装配法。(2 分)

三、分析题(共 5 分)

1．(a)改进后：精密镗削孔表面应该连续。

(b)正确。

(c)改进后：改为台阶面后减少了加工面积。

2．(a)定位结构限制了 4 个自由度，分别是：X、Z 方向转动；X、Z 方向移动。

(b)结构限制了 2 个自由度，为 X、Z 方向移动。

四、计算题(共 45 分)

1．(10 分)解：尺寸链如图 A-19(3 分)；

由 $L_0 = L + L_1 - L_2$，得 $L = L_0 - L_1 + L_2 = 20 - 50 + 80 = 50$。　(2 分)

因为 $\mathrm{ES}_0 = \mathrm{ES} + \mathrm{ES}_1 - \mathrm{EI}_2$，则有

$$\mathrm{ES} = \mathrm{ES}_0 - \mathrm{ES}_1 + \mathrm{EI}_2 = 0.1 - 0.1 - 0.05 = -0.05 \quad (2 分)$$

又 $\mathrm{EI}_0 = \mathrm{EI} + \mathrm{EI}_1 - \mathrm{ES}_2$ 可得 $\mathrm{EI} = \mathrm{EI}_0 - \mathrm{EI}_1 + \mathrm{ES}_2 = -0.1$　(2 分)

综上可得，$L = 50^{-0.05}_{-0.1}$ mm　(1 分)

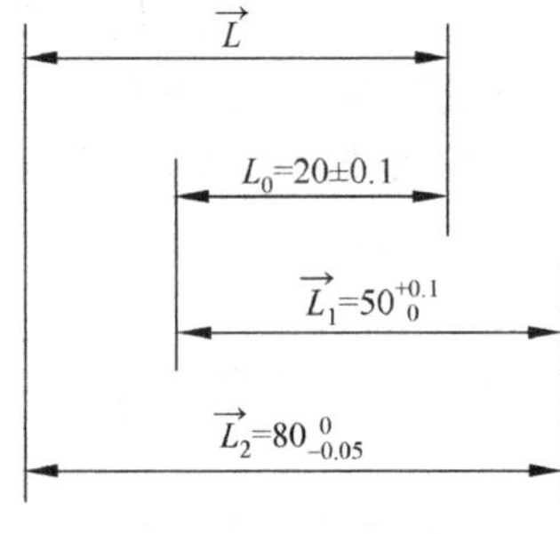

图 A-19　尺寸链图

2．(15 分)

解：基准位置误差为：$\Delta_{\mathrm{JW}} = \dfrac{T_d}{2\sin 45^\circ} = 0.057$ mm　(5 分)

对于尺寸 $30_{-0.2}^{\ 0}$：基准不重合误差：$\varDelta_{JB1}=\dfrac{T_d}{2}=0.04\text{ mm}$ （2 分）

定位误差：$\varDelta_{DW1}=\varDelta_{JB2}=0.04\text{mm}$ （2 分）

因为 $\varDelta_{DW1}<\dfrac{0.2}{3}$，满足要求。 （1 分）

对于尺寸 $25_{-0.15}^{\ 0}$：基准不重合误差：$\varDelta_{JB2}=\dfrac{T_d}{2}=0.04\text{ mm}$ （2 分）

定位误差：$\varDelta_{DW2}=\varDelta_{JW}-\varDelta_{JB2}=0.017\text{mm}$ （2 分）

因为 $\varDelta_{DW2}<\dfrac{0.15}{3}$，满足要求。 （1 分）

3．（10 分）

解：分布曲线如图 A-20 所示， （2 分）

由题可得，$\bar{x}=17.98\text{mm}$，$T=0.1\text{mm}$

尺寸分散范围为：$6\sigma=6\times0.04=0.24(\text{mm})$ （2 分）

则有

$$x_a=17.98-17.92=0.06(\text{mm}),\quad z_a=\frac{x_a}{\sigma}=\frac{0.06}{0.04}=1.5$$ （2 分）

$$x_b=18.02-17.98=0.04(\text{mm}),\quad z_b=\frac{x_b}{\sigma}=\frac{0.04}{0.04}=1$$ （2 分）

查表可得： $\phi(z_a)=0.4332$，$\phi(z_b)=0.3413$ （1 分）

故可计算废品率为： $\{1-[\phi(z_a)+\phi(z_b)]\}\times100\%=22.55\%$ （1 分）

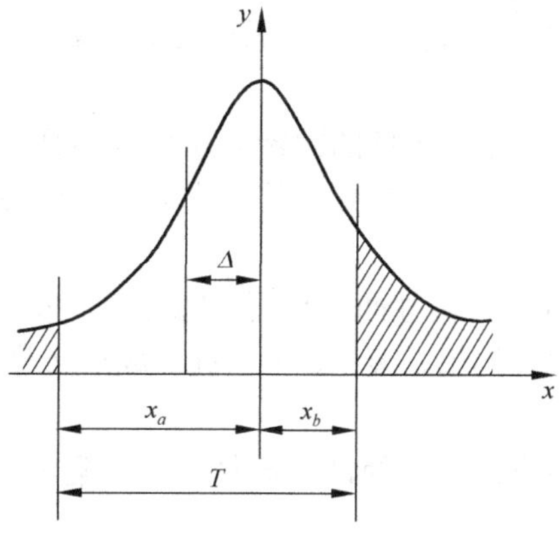

图 A-20　分布曲线

4．（10 分）

解：根据题意，可得 $\varDelta_g=0.08$，$\varDelta_m=0.12$，$C=1000$ （2 分）

$$\varepsilon=\frac{\varDelta_g}{\varDelta_m}=\frac{C}{k_{xt}}$$ （5 分）

$$k_{xt}=\frac{\varDelta_m C}{\varDelta_g}=1500\text{N/mm}$$ （3 分）

试题二答案

一、判断题(共 10 分)

1. √；2. ×；3. ×；4. √；5. ×；6. √；7. ×；8. √；9. ×；10. √

二、名词解释(每小题 3 分，共 15 分)

1. 一个(或一组)工人在一个工作地点，对一个(或同时加工几个)工件所连续完成的那部分机械加工工艺过程。

2. 在定位时，定位点重复限制了同一个自由度的定位(或同一自由度被重复限制的定位)。

3. 由于冷加工，金属产生塑性变形而造成加工表面层硬化(硬度和强度提高)的现象。

4. 加工误差敏感方向上工艺系统所受外力与变形量(或位移量)之比。

5. 装配时不需要经过任何选择、修配和调节，就能达到规定的装配精度和技术要求的装配方法。

三、简答题(每题 5 分，共 20 分)

1. 答：精基准选择原则：基准重合、基准统一、互为基准、自为基准、定位可靠。(3 分)

确定加工顺序的原则：先基准后其他、先主后次、先面后孔、先粗后精。(2 分)

2. 答：原始误差：产生加工误差的误差或所有影响加工误差的因素。(2 分)

原理误差：①机床误差(主轴回转、导轨移动、传动链)；②刀具误差(刀具制造、刀具磨损)；③夹具误差(定位误差、夹紧误差、对刀引导、安装误差)；④工艺系统受力变形；⑤工艺系统受热变形；⑥测量误差。(答对每个方面每一点得 1 分，满分 5 分)

3. 答：主要运动：①主轴带动工件的回转运动(主运动)；②溜板箱带动刀架沿导轨的直线运动(纵向进给运动)；③刀具沿横向导轨的直线运动(横向进给运动)。(答对每个运动得 1 分)

典型加工表面：内圆柱面、外圆柱面、平面、圆锥面、成形回转面。或外圆、内孔、端面、(内、外)圆锥面、螺纹面、沟槽、滚花、中心孔、成形面等。(答对一个表面得 1 分，满分 5 分)

4. 答：保证装配精度的方法有互换法、选择法、修配法、调整法。(答对其中 3 个得 6 分)

修配法适用于装配精度要求高、装配尺寸链环数多、生产批量小的场合。(答对其中 2 点得 2 分)

四、分析题(每小题 5 分，共 10 分)

1. 主偏角(K_r)；副偏角(K_r')；刀尖角(ε_r)；基面(P_r)；主剖面(P_o)

2. (a)限制了 X、Z 方向的移动和转动自由度，共 4 个；

(b)限制了 X、Z 方向的移动自由度，共 2 个。

五、计算题(共 45 分)

1．(10 分)

解：分布曲线如图 A-21 所示， (3 分)

由图可得， $x_a = 0.07$， $x_b = 0.03$ (2 分)

$$z_a = \frac{x_a}{\sigma} = \frac{0.07}{0.02} = 3.5 ,\quad z_b = \frac{x_b}{\sigma} = \frac{0.03}{0.02} = 1.5 \quad (2 分)$$

查表可得， $\phi(z_a) = 0.4998$， $\phi(z_b) = 0.4332$

故合格率 $= [\phi(z_a) + \phi(z_b)] \times 100\% = (0.4998 + 0.4332) \times 100\% = 93.3\%$ (2 分)

废品率 $= 1 - 93.3\% = 0.67\%$ (1 分)

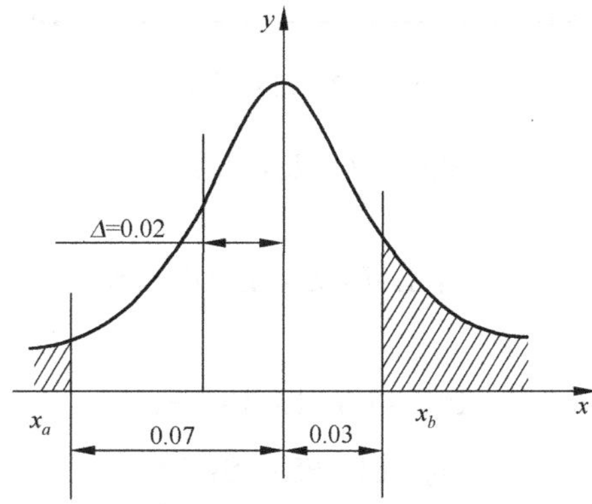

图 A-21 分布曲线

2．(12 分)

解：当工序尺寸为 H_1 时：

$$\varDelta_{JB} = \frac{T_D}{2} = 0.025 \quad (2 分)$$

$$\varDelta_{JW} = \frac{T_D + T_d}{2} = 0.025 + 0.005 = 0.03 \quad (2 分)$$

$$\varDelta_{DW} = \varDelta_{JW} + \varDelta_{JB} = 0.055 \quad (2 分)$$

当工序尺寸为 H_2 时：

$$\varDelta_{JB} = \frac{T_{d1}}{2} = 0.05 \quad (2 分)$$

$$\varDelta_{JW} = \frac{T_D + T_d}{2} = 0.025 + 0.005 = 0.03 \quad (2 分)$$

$$\varDelta_{DW} = \varDelta_{JW} + \varDelta_{JB} = 0.08 \quad (2 分)$$

3．(10 分)

解：由题可得， $\varDelta_m = T_m = 1.30 - (-0.08) = 1.38$ (2 分)

根据公式 $\varepsilon=\lambda C_F f^{0.75}/K_s$，代入数据得 $\varepsilon=2000/50000=0.04$ (2 分)

因为 $\varDelta_y=\varepsilon\varDelta_m$ (2 分)

所以 $$\varDelta_{y1}=0.04\times1.38=0.0552$$ (2 分)

$$\varDelta_{y2}=0.04\times0.0552=0.0022$$ (2 分)

4. (13 分)

解：①画尺寸链图(图 A-22)并判断封闭环，封闭环为

$$L_0=40\pm0.8\text{mm}$$ (6 分)

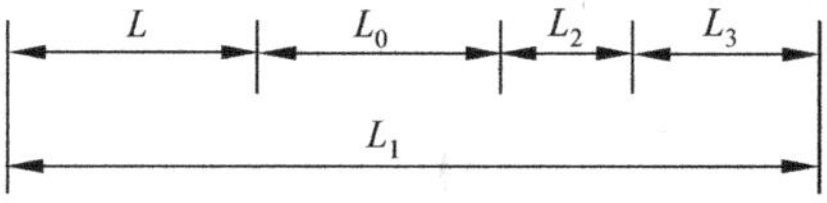

图 A-22　尺寸链图

② 判断增、减环。增环：L_1；减环：L，L_2，L_3。 (3 分)

③ 计算工序尺寸：

$$L_0=L_1-L-L_2-L_3,\ L=45\text{mm}$$ (1 分)

④ 极限偏差：

$$ES_0=ES_1-EI-EI_2-EI_3$$

$$EI_0=EI_1-ES-ES_2-ES_3$$

代入数据可得

$$EI=-0.1\text{mm},\ ES=0.3\text{mm}$$ (2 分)

则 L 的尺寸为 $45^{+0.3}_{-0.1}$mm 。 (1 分)

试题三答案

一、填空题(共 10 分)

1. 去除成形、堆积成形；
2. 原材料、劳动过程；
3. 工作台宽度；
4. 主运动；
5. 切削刀具、进给量、切削速度；
6. 机器装配。

二、判断题(共 10 分)

1. ×；2. ×；3. √；4. √；5. √；6. ×；7. ×；8. √；9. ×；10. ×

三、简答题(每题5分，共计30分)

1．答：导轨在水平面内的直线度误差，刀具热变形误差，工件热变形误差，误差复映等。(答对1个给2分，答对3个以上给5分)

2．答：磨削烧伤是在较高温度和一定持续时间下产生的回火烧伤、退火烧伤和二次淬火烧伤的总称。(2分)

①磨削区的高温使工件产生的热应力超过材料的屈服应力。

②磨削区高温超过材料的塑性温度。

③马氏体转变为其他金相组织由于密度变化而产生的拉应力。(答对2个给3分)

3．答：刀具材料应具备以下性能。

①刀具材料必须具有高于工件材料的硬度，否则无法切入工件。

②为了承受切削力和切削过程中的冲击和振动，刀具材料应有足够的强度和韧性。

③要求刀具材料要有好的抵抗磨损的能力。

④要求刀具材料在高切削温度下保持高硬度、高强度的性能，即耐热性，并有良好的抗扩散、抗氧化的能力。

⑤尽量大的导热系数和小的线膨胀系数，这样由刀具传导出去的热量多，有利于降低切削温度和提高刀具的使用寿命，并可减少刀具的热变形。

⑥为便于制造刀具和有高的性能价格比，要求刀具材料具有良好的工艺性(可加工性、可磨削性和热处理特性)和经济性。(答对1个给1分，答对5个可得5分)

4．答：机械加工精度是指零件经机械加工后的实际几何参数(尺寸、形状、表面相互位置)与零件的理想几何参数相符合的程度。(1分)

机器的装配精度应根据机器的工作性能来确定，一般包括零部件间的位置精度和运动精度。其中位置精度是指机器中相关零部件的距离精度和相互位置精度。运动精度是指有相对运动的零部件在相对运动方向和相对运动速度方向的精度。(2分)

机器及其部件既然是由若干零件装配而成的，因此，零件的精度特别是关键零件的精度直接影响相应的部件和机器的装配精度。一般情况下，装配精度高，则必须提高各相关零件的相关精度，使它们的误差累积之后仍能满足装配精度的要求。但是，对于某些装配精度项目来说，如果完全由有关零件的制造精度来直接保证，则相关零件的制造精度都将很高，给加工带来很大困难。这时常按经济加工精度来确定零件的加工精度，使之易于加工，而在装配时则采取一定的工艺措施(修配、调节等)来保证装配精度。(2分)

5．答：①当必须保证不加工表面与加工表面间相互位置关系时，应选择该不加工表面为粗基准。(1分)

②对于有较多加工表面而不加工表面与加工表面间位置要求不严格的零件，粗基准选择应能保证合理地分配各加工表面的余量。(1分)

③选作粗基准的毛坯表面应尽量光滑平整，不应有浇口、冒口的残迹及飞边等缺陷，以免增大定位误差，并使零件夹紧可靠。(1分)

④粗基准应尽量避免重复使用，原则上只能在第一道工序中使用。(1分)

要按先粗后精的原则大致安排机械加工的进行顺序。在零件的所有表面加工工作中，一般包括若干粗加工、半精加工、精加工和光整加工阶段。安排加工顺序时应将各表面的粗加工集中在一起首先进行，再依次集中进行各表面的半精加工和精加工。(1分)

6．答：夹具上按一定规律分布的六个支承点可以限制工件的六个自由度，其中每个支承点相应地限制一个自由度。

常见平面定位元件：①支承钉；②支承板；③可调支承；④自位支承；⑤辅助支承。

四、计算题(共 50 分)

1．(12 分)

解：按提议画出尺寸链图，如图 A-23 所示。　(3 分)

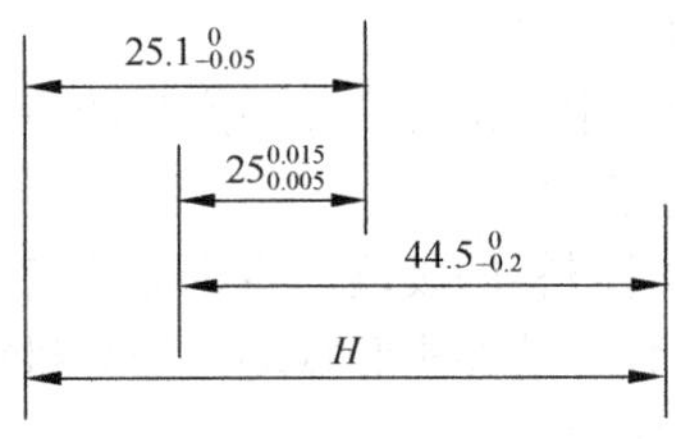

图 A-23　尺寸链图

在尺寸链中，尺寸 44.5mm 是封闭环，25mm 和 H 是增环，25.1mm 是减环。　(3 分)

基本尺寸：44.5=H+25−25.1，所以 H=44.6mm。　(2 分)

上偏差：0=ES_H+0.015−(−0.05)，所以 ES_H=−0.065。　(2 分)

下偏差：−0.2=EI_H+0.005−0，所以 EI_H=−0.205。　(2 分)

2．(13 分)

解：由题意知，设公差带中心和尺寸分散中心相距 A，画出分布曲线图，如图 A-24。　(3 分)

$$T/2-A=2\sigma$$ (2 分)

$$A=T/2-2\sigma=0.015-2\times0.005=0.005(\text{mm})$$ (3 分)

$$z_1=(T/2+A)/\sigma=(0.015+0005)/0.005=4$$ (3 分)

又 $\phi(4)=0.4999$，$\phi(2)=0.4772$，故合格率$=(0.4999+0.4772)\times100\%=97.71\%$　(2 分)

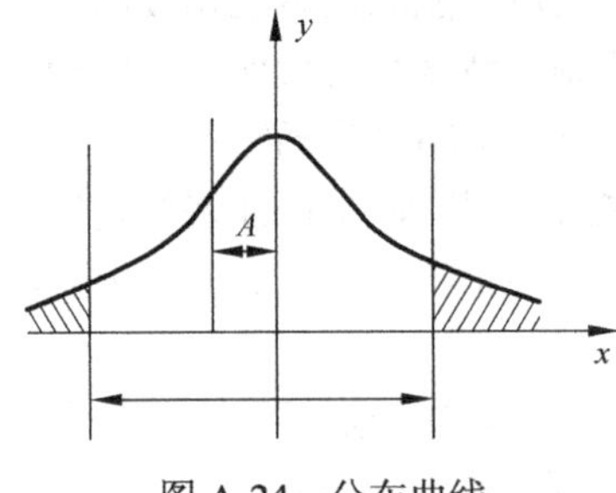

图 A-24　分布曲线

3．(10 分)

解：据分析，基准位置误差为

$$\varDelta_{\text{JW}}=\frac{T_d}{2\sin\dfrac{\alpha}{2}}=\frac{0.01}{2\sin45^\circ}=0.007(\text{mm})$$

基准不重合误差为 $\Delta_{JB}=\dfrac{T_d}{2}=0.005\text{mm}$ （6 分）

则定位误差为 $\Delta_{DW}=\Delta_{JW}-\Delta_{JB}=0.002\text{mm}$ （2 分）

由于 $\Delta_{DW}<\dfrac{T}{3}=0.067\text{mm}$，故满足工序尺寸要求。 （2 分）

4．（15 分）

解：由题意知 $\Delta_m=4$，$\Delta_g=0.08$，

$$\frac{\Delta_g}{\Delta_m}=\frac{\lambda C_{F_z} f^{y_{F_z}}}{k_{xt}}=\frac{1000\times 0.2^{0.75}}{k_{xt}}=\frac{0.08}{4}=\varepsilon$$

因此，$\dfrac{1}{k_{xt}}=\dfrac{0.02}{1000\times 0.2^{0.75}}$，$k_{xt}=14953\text{N/mm}$。 （8 分）

当 $f=0.01$ 时，

$$\varepsilon=\frac{\lambda C_{F_z} f^{y_{F_z}}}{k_{xt}}=\frac{1000\times 0.1^{0.75}}{k_{xt}}=0.01189$$

$$\Delta_1=\varepsilon\Delta_0=0.012\times 0.5=0.006$$

故只需一次就可以使圆度误差控制在 0.01mm 以内。 （7 分）